Fritz Friedrichs

Das Glas
im chemischen Laboratorium

Dritte verbesserte Auflage

von

Dr. Josef Friedrichs

Mit 176 Abbildungen

Springer-Verlag

Berlin / Göttingen / Heidelberg

1960

ISBN-13:978-3-642-92781-2   e-ISBN-13:978-3-642-92780-5
DOI: 10.1007/978-3-642-92780-5

Dem Andenken unseres Vaters

Ferdinand Friedrichs (II)

gewidmet

Vorwort zur dritten Auflage

Der Verfasser hat die dritte Auflage seines Buches nicht mehr erlebt. Mit ihm ist einer der besten Kenner der Glasapparate für das chemische Laboratorium und einer der eifrigsten Förderer der Normung dahingegangen.

Gern bin ich der Aufforderung des Springer-Verlags gefolgt, eine Neuauflage dieses Werkes meines Bruders zu bearbeiten. Ich habe versucht, es in seinem Geiste fortzuführen, indem ich nur dort änderte, wo die Entwicklung der letzten Jahre Neues brachte.

Dem Springer-Verlag danke ich für seine Bereitwilligkeit, diese Neuauflage herauszugeben. Ich widme sie dem Andenken an meinen Bruder, dessen liebevolle Verbundenheit mit dem Werkstoff Glas sie widerspiegelt.

Wertheim-Glashütte, 1959

Josef Friedrichs

Vorwort zur ersten Auflage

„Schafft Ihr ein gutes Glas, so wollen wir Euch loben.“   Faust I.

Dieses allerdings nur im übertragenen Sinne gemeinte Wort Goethes wurde vom Rektor der Universität München der Tagung der Deutschen Glastechnischen Gesellschaft in München als Leitwort gegeben. Es stellt den Jahrhunderte alten Wunsch aller derer dar, die mit dem Werkstoff Glas irgendwie zu tun haben, und das ist direkt oder indirekt der größte Teil der Menschheit.

Leider gilt jedoch auch heute noch das Sprichwort:

„Glück und Glas, wie leicht bricht das!“

Immerhin ist es der Glasindustrie gelungen, durch Verbesserung des Werkstoffes und durch geeignete Formgebung dem Glase eine früher nie geahnte Beständigkeit zu geben und die des Glückes weit zu überholen.

Das vorliegende Buch stellt eine Zusammenfassung früherer Versuche des Verfassers dar, bei dem Verbraucher für die Eigenart der Glasverarbeitung Verständnis zu wecken. Sie sind zum Teil schon früher in verschiedenen Zeitschriften erschienen, zum größten Teil jedoch bisher durch die Ungunst der Verhältnisse unveröffentlicht geblieben.

Das Buch soll kein fertiges Lehr- oder gar Rezeptbuch darstellen, sondern nur zur weiteren Verbesserung der Laboratoriumsgeräte aus Glas, den wichtigsten Werkzeugen des Forschers, anregen.

Ich habe versucht, die in vierzigjähriger Tätigkeit in der glasverarbeitenden Industrie gewonnenen Erfahrungen kurz darzustellen, besonders die Bemühungen, diese wichtige Industrie auf rationeller Grundlage neu aufzubauen. Es war erforderlich, auf die Normung der Laboratoriumsgeräte näher einzugehen, um Rechenschaft abzulegen, Legendenbildung zu verhindern und aus früheren Fehlern zu lernen. Ich war stets bestrebt, die Interessen von Hersteller und Verbraucher zum Wohle beider gegeneinander abzuwägen.

Möge dieser Versuch von meinen Fachgenossen in Chemie und Glastechnik wohlwollend aufgenommen werden! Ob es mir gelungen ist, für alle Leser das richtige Niveau zu treffen, ist natürlich sehr zweifelhaft.

Ich habe mich absichtlich auf die Fertigung von Glasgeräten für das chemische Laboratorium beschränkt und Grenzgebiete nur berührt, soweit es für das Verständnis der geschichtlichen Entwicklung notwendig war.

Wertheim-Glashütte, 1951   **Fritz Friedrichs**

Inhaltsverzeichnis

I. Allgemeine Technologie der Glasverarbeitung

1. Geschichte der Glastechnik

Das Gewerbe der Glaserzeugung und Glasverarbeitung gibt durch sein Alter und seine Verflechtung mit anderen Gewerbezweigen, sowie durch seine enge Verbundenheit mit Kunst und Wissenschaft wie kaum ein anderes Gewerbe einen kulturgeschichtlichen Überblick der menschlichen Entwicklung vom Altertum bis zur Neuzeit, über fünf Jahrtausende.

Die Herstellung des Glases kann in Ägypten bis ins vierte Jahrtausend vor Christus zurückverfolgt werden. Nach neuerer Ansicht soll das Glas zuerst in Mesopotamien hergestellt und von dort nach Ägypten gelangt sein. Glasperlen sind schon in vorgeschichtlicher Zeit, vermutlich im Austausch gegen Bernstein, bis Nordeuropa gelangt. Das damalige Glas war durch die mangelnde Reinheit der Rohstoffe trüb und farbig. Im Berliner Museum wurden aus den Funden von El Amarna in Ägypten auch kleine Glashäfen von etwa 15 cm Durchmesser ausgestellt, die zeigen, in welchem Umfange damals Glas geschmolzen wurde.

Um etwa 1500 v. Chr. wurde dieses Glas auch zu kleinen Gefäßen für kosmetische Zwecke verarbeitet. Auch die Verzierung dieser Gefäße und größerer Perlen durch bunte Fadeneinlagen war schon damals bekannt, ebenso das Aufdrücken von Verzierungen mittels Prägestempel, wie es in Babylon zur Beschriftung von Tontafeln gebräuchlich war. Man sieht, daß auch die modernste Form der Glasbearbeitung, das Pressen, weit zurückreichende Wurzeln hat.

Das große Geheimnis der ägyptischen Glastechnik lag in der Herstellung und Gewinnung der Soda, die aus der Asche bestimmter Pflanzen, die am Strande des Meeres und der Salzseen gedeihen, sowie aus den Auswitterungen an den Ufern dieser Seen selbst, als Nitron oder Trona gewonnen wurde. Dieses Sodamonopol wußten sich die Ägypter durch Jahrtausende zu wahren, auch noch, als die Glastechnik selbst in holzreichere Länder abgewandert war.

Die Glasmacherpfeife, die wichtigste Erfindung der Glastechnik überhaupt, entstand um Christi Geburt zu Sidon in Phönizien. Nach neueren Forschungen sind in Babylon schon 250 Jahre früher große Gefäße eingeblasen worden. Durch die Erfindung der Glasmacherpfeife wurde erst das Einblasen des Glases in Formen möglich, wodurch es gelang, die

Wanddicke der Gefäße erheblich zu verringern und so an dem mit Gold aufgewogenen Werkstoff Glas ganz erheblich einzusparen. Die Glasgeräte wurden dadurch billiger, die Fabrikation konnte in größerem Umfange aufgenommen werden. Die Formen der ersten eingeblasenen Gefäße zeugen schon durch eingeblasene Verzierungen, durch Henkel und Füße von einem hohen Stand der Technik. Die Glasindustrie wanderte dann der schwindenden Waldgrenze nach im römischen Imperium über Italien und Gallien nach dem rheinischen Germanien. Hier erreichte sie im zweiten und dritten Jahrhundert n. Chr. einen erstaunlichen Aufschwung. Noch heute bewundern wir die kunstvollen Gläser der damaligen Zeit in unseren Museen. Der wunderbare Lüster, den diese besonders in Köln gefundenen Gläser heute besitzen, war allerdings nicht beabsichtigt, sondern ist eine Verwitterungserscheinung, verursacht durch das feuchte Klima am Niederrhein und den geringen Kalkgehalt der damaligen Gläser. Die damals hergestellten sogenannten Netzbecher stellen wohl die größten Kunstwerke der Schleiftechnik dar. Diese Becher sind überzogen von kunstvollen Netzen und Inschriften, die mit dem eigentlichen Becher nur durch feine Stege verbunden sind und etwa einen Zentimeter abstehen. Sie sind mit dem Gravierrad aus dem Vollen herausgearbeitet worden.

Linsenähnlich geschliffene Glaskörper wurden bei den Ausgrabungen von Knossos auf Kreta gefunden. In Sarkophagen von Karthago fand man regelrechte Glaslinsen bis zu 37 mm Durchmesser und mit 3,5 Dioptrien. Es ist daher wohl möglich, daß der geschliffene Smaragd, durch den Kaiser Nero die Gladiatorenkämpfe beobachtet haben soll, ein grüngefärbtes Einglas gewesen ist. Die Kenntnis dieser Verwendung des Glases ging jedoch verloren und wurde erst im Mittelalter wiederentdeckt.

Fensterscheiben gab es schon unter Kaiser Caligula [1]. Funde in Pompeji und in den römischen Niederlassungen am Rhein beweisen ihre weite Verbreitung. Einzelne Stücke waren bis 30×60 cm groß, also eine beachtliche glastechnische Leistung. Im Berliner alten Museum waren einige große rechteckige Scheiben zu sehen, die in der Mitte 4 cm dick waren und an den Kanten dünn ausliefen.

Das Glas hat in kultischer Beziehung stets eine besondere Rolle gespielt. Besonders dem Totenkult verdanken wir in Gestalt von Grabbeigaben die Erhaltung hervorragender Stücke. Wie groß die Wertschätzung des Glases im Altertum war, ersieht man daraus, daß Kaiser Tiberius Glasgeräte mit einer Sondersteuer belegte, um das Goldschmiedegewerbe zu schützen. Diese Sondersteuer wurde erst von Kaiser Konstantin dem Großen wieder aufgehoben. Der Glasschmuck der Königin Kleopatra mußte nach der Eroberung Ägyptens durch Oktavius als besondere Reparationsleistung an Rom ausgeliefert werden.

Es seien hier einige bekannte Beispiele berühmter Gläser aufgeführt, die alle aus vorchristlicher Zeit oder aus dem Orient stammen, da die in der Karolingerzeit einsetzende ausgesprochen kirchliche Kultur eine reichere Entwicklung des profanen Kunstgewerbes nicht zuließ. Die einzige Gefäßform, an deren Ausbildung die Kirche im frühen Mittelalter Anteil nahm, war der Meßkelch. Später wandte sich die Kirche jedoch vom gläsernen Meßkelch ab und erließ sogar energische Verbote gegen seine Verwendung.

Die kunstvoll geschliffene „Portlandvase" im britischen Museum ist eine mit Milchglas überfangene tiefblaue Urne, deren Oberfläche so geschliffen ist, daß weiße Figuren als Relief auf blauem Grunde hervortreten. Sie wurde in einem Sarkophag bei Rom gefunden und diente, wie aus den Figuren hervorgeht, kultischen Zwecken. Sie wurde zweimal von Fanatikern zertrümmert.

Der im Domschatz von Genua aufbewahrte „Heilige Gral", um den die Parzivalsage spielt, ist eine dickwandige dunkelgrüne Glasschale mit zwei Henkeln und geometrischen Gravierungen im Innern. Er ist antik ägyptischen Ursprunges und wurde 1102 von Kreuzfahrern aus Cäsarea mitgebracht. Er wurde bis ins neunzehnte Jahrhundert für einen geschliffenen Smaragd gehalten.

Das sogenannte „Glück von Edenhall" ist entgegen der Uhlandschen Ballade unversehrt. („Glas ist der Erde Stolz und Glück".) Es ist ein Glas vorderasiatischen Ursprunges mit Emailornamenten auf Milchglas und ist vermutlich ebenfalls durch Kreuzfahrer nach Europa gelangt. Es diente ursprünglich als Moscheelampe.

Der auf der Feste Coburg aufbewahrte „Becher der heiligen Elisabeth" ist ein sogenanntes Hedwigsglas und damit orientalischer Herkunft (zehntes bis elftes Jahrhundert). Es befand sich im Schatz der Schloßkirche zu Wittenberg. Auch dieses Glas galt früher als Edelstein (Topas). Es wurde ihm besondere Wunderkraft zugeschrieben. Das Glas gelangte als Geschenk des Kurfürsten in den Besitz Luthers (1541).

Mit dem Vordringen des Islams und unter dem Einfluß der Kreuzzüge wanderte ein Teil des Glasgewerbes aus Asien nach Venedig. Die Venezianer wußten durch ihren Mittelmeerhandel, durch päpstliche Privilegien und durch Kultivierung der Sodapflanze Barilla bei Alicante in Südspanien sich ein neues Sodamonopol aufzubauen. Gestützt auf dieses Monopol, das sie ängstlich hüteten und oft mit rücksichsloser Gewalt verteidigten, besaßen sie lange Zeit die glastechnische Vorherrschaft und eine Kunstfertigkeit, wie sie größer nicht gedacht werden kann. Angeblich wegen Feuersgefahr wurde die Glasindustrie von der Hauptinsel zur Nachbarinsel Murano verlegt und dort streng bewacht. Die Glasmacher genossen zwar Adelsprivilegien, saßen aber in einem goldenen Käfig. Entflohene Glasmacher wurden von den Agenten der

Republik Venedig durch ganz Europa verfolgt und mußten stets gewärtig sein, dem Gift oder Dolche derselben anheimzufallen. Die Sagen fast aller unserer Waldgebirge wissen von solchen geheimnisvollen Venezianern zu berichten.

Die übrigen Länder mußten sich mit der Herstellung von Glas auf Grundlage der aus Holzasche gewonnenen Pottasche, dem sogenannten Waldglas, begnügen. Dieses Waldglas war durch die ungenügende Reinheit der Pottasche grün und unrein. Auch die Formen der Gefäße waren im Gegensatz zu denen Venedigs sehr primitiv und derb. Das Waldglas wurde in erster Linie in Waldgebieten wie Böhmen, Schlesien, Spessart, Fichtelgebirge und Thüringen geschmolzen. Die ersten Glasmacher stammten aus Schwaben und gelangten am Ende des Dreißigjährigen Krieges über den Spessart nach Thüringen, wo ein HANNES GREINER, genannt Schwabenhans, erst in Langenbach bei Schleusingen, dann 1648 in Stützerbach die heute noch stehende Hütte gründete. Von hier aus breiteten sich die Glashütten über Lauscha ins Fichtelgebirge, nach Böhmen und Schlesien aus. Bei der großen Waldverwüstung, die die Glashütten durch Holzfeuerung und die Gewinnung der Pottasche anrichteten, konnten sie nie lange an einem Orte bestehen und mußten bald nach holzreicheren Gegenden umsiedeln. Entsprechend dem Umtrieb des Waldes kann man eine hundertjährige Periode der Wiederbesiedlung der meisten Glasgebiete unserer Waldgebirge feststellen.

Mit der Reindarstellung der Pottasche, dem Zusatz von Kalk und der Entfärbung durch Braunstein gelang es den Deutschen Böhmens, ein Glas von großer Reinheit und Farblosigkeit, das Kristallglas, zu schmelzen und damit im siebzehnten Jahrhundert das Monopol der Venezianer zu brechen. Dieses Glas gelangte in Form kunstvoll geschliffener oder mit Email verzierter Pokale zu großer Verbreitung. Heute ist ein Teil dieser Kunstfertigkeit in die Ursprungsländer Süd- und Mitteldeutschlands zurückgekehrt.

Das Ätzen des Glases mit Schwefelsäure und Flußspat wurde 1670 von HEINRICH SCHWANHARD in Nürnberg erfunden, geriet aber bis Ende des achtzehnten Jahrhunderts wieder in Vergessenheit. Es diente damals, ebenso wie das schon im Altertum bekannte Reißen des Glases mit Diamant, ausschließlich dem Kunstgewerbe. Auch die Erfindung der Verspieglung der Glasoberfläche mittels Zinnamalgam in Nürnberg fiel in diese Zeit. Die Versilberung wurde erst von LIEBIG eingeführt. Im Kunstgewerbe wurde dann das Glas durch das damals aufkommende Porzellan etwas in den Hintergrund gedrängt.

Die ersten Thermometer wurden von GALILEI und seinen Schülern hergestellt. Es waren Gasthermometer. Die ersten mit Quecksilber gefüllten Flüssigkeitsthermometer fertigte DANIEL FAHRENHEIT aus Danzig 1714 an. Ihre Fabrikation wanderte über Holland nach Frankreich.

Die Herstellung des Goldrubinglases wurde von KUNCKEL auf der Pfaueninsel bei Potsdam wiederentdeckt.

Obwohl es schon im Jahre 1791 LEBLANC gelungen war, Soda aus Steinsalz herzustellen, wurde sein Verfahren erst 1823 von MUSPRATT in England ausgewertet, während LEBLANC 1806 im Armenhaus starb. Mit Hilfe dieser wohlfeilen LEBLANC-Soda kehrte man zum Sodaglas zurück. Das Glas konnte jetzt erst ein Werkstoff für allgemeine Gebrauchsgegenstände werden. 1866 wurde eine wesentlich reinere und billigere Soda von SOLVAY nach dem Ammoniakverfahren hergestellt, nachdem England, Deutschland und Frankreich 1838 dieses Herstellungsverfahren vorübergehend versucht und wieder aufgegeben hatten. In Anlehnung an dieses dritte Sodamonopol wurde die heute weitgehend mechanisierte Großglasindustrie in den Kohlengebieten geschaffen.

Wenn man von den wenigen Geräten absieht, die in den mittelalterlichen Apotheken und alchimistischen Laboratorien Verwendung fanden, hat die Hohlglasindustrie bis zum Beginn des neunzehnten Jahrhunderts neben Weinflaschen kunstgewerbliche Gegenstände hergestellt. Das gleiche gilt für die glasverarbeitende Industrie, die in erster Linie massive und hohle Perlen und Glasspielereien (Glasnippes) fertigte. Erst mit der Entwicklung der Chemie zur exakten Wissenschaft seit LIEBIG, erfolgte die Umstellung eines Teiles dieses Gewerbzweiges zur Glasinstrumentenindustrie. Rückblickend erscheint es eigentlich verwunderlich, daß ein so umfassendes Genie wie Goethe, dem die Stützerbacher Glasindustrie nachweislich gut bekannt war und der trotzdem seine Barometer und Thermometer weiter aus Paris bezog, diese Entwicklung nicht vorausgesehen und unterstützt hat. Erst nach seinem Tode, als der Ilmenauer Bergbau zum Erliegen kam, entstand in Ilmenau 1834 wieder eine Glashütte (FERD. FRIEDRICHS I.), die später (1842) mit der Stützerbacher Hütte zusammengelegt wurde.

Im Jahre 1830 wurden von einem wandernden Glasbläser namens BERKES, der offenbar in Paris die Herstellung von Thermometern gelernt hatte, dieser Fabrikationszweig in Stützerbach eingeführt und von F. F. GREINER ausgewertet. Diesen Thermometern folgten dann bald die ersten Fieberthermometer ebenfalls in Stützerbach [2].

Als um die Mitte der sechziger Jahre des vorigen Jahrhunderts der Siemens-Ofen mit Generatorgasfeuerung eingeführt wurde und die direkte Feuerung verdrängte, war es möglich, die Glaserzeugung und -verarbeitung rationeller zu gestalten und das knapp werdende Holz zu sparen. Es konnte die Temperatur der Öfen gesteigert und besser reguliert werden, was das Schmelzen höherwertiger Gläser ermöglichte.

Die Tatsache, daß sich die Glasinstrumentenindustrie gerade im Ilmenauer Gebiet entwickelt und die Hohlglasindustrie trotz ihrer frachtungünstigen Lage dort erhalten hat, ist auf das in dieser Gegend erschmolzene Glas zurückzuführen, das sich durch seinen hohen Tonerdegehalt zum Verarbeiten vor der Lampe besonders eignet. Dieser Tonerdegehalt wird durch den verhältnismäßig hohen Feldspatgehalt des in dieser Gegend vorkommenden Sandes, also einer Verunreinigung, bedingt. Der gleichzeitig hohe Eisengehalt wurde in Kauf genommen, war auch bei den meist dünnwandigen Geräten nicht weiter störend. Heute sind diese standortbedingten Voraussetzungen natürlich nicht mehr gegeben. Auch in Thüringen werden heute meist die reineren auswärtigen Sande verschmolzen. Die erforderliche Tonerde wird in Form von Feldspat zugesetzt.

Mit der Entwicklung der exakten Wissenschaften stiegen auch die Ansprüche, die an die Temperaturmessungen gestellt wurden, und hier zeigte es sich, daß das bisher für Thermometer verwendete Glas nicht mehr genügte. Der Einfluß der chemischen Zusammensetzung dieses Glases auf die Depressionserscheinungen der Thermometer wurde zuerst von R. WEBER festgestellt. Er faßte das Resultat seiner Untersuchungen 1883 dahin zusammen, daß die leichtflüssigen Alkalikalkgläser mit Kali und Natron ungünstig sind, im Gegensatz zu reinen Kali- und reinen Natrongläsern mit hohem Kieselsäure- und Kalkgehalt. Im technischen Maßstabe schmolz WEBER sein Normalglas, wie er es nannte, in einer Lausitzer und in einer Stützerbacher Hütte als natronfreie Kalikalkgläser [3]. Auch WIEBE untersuchte 1884 und 1886 den Zusammenhang zwischen der Zusammensetzung des Glases und der Depression der Thermometer und bestätigte den Befund WEBERs. Im technischen Maßstabe schmolz O. SCHOTT zuerst in einer Stützerbacher Hütte, dann in seiner mit Mitteln des preußischen Staates in Jena erbauten Hütte ein kalifreies Natronglas und verbesserte dieses bis zum Werkstoff für hochgradige Thermometer.

R. WEBER und später F. MYLIUS und F. FÖRSTER [4] bearbeiteten im Auftrage der Physikalisch-Technischen Reichsanstalt in Stützerbach, die beiden letzten gleichzeitig mit O. SCHOTT in Jena, die Frage der Verbesserung der chemischen Widerstandsfähigkeit des Glases. Die heutigen thermisch und chemisch widerstandsfähigen Spezialgläser sind auf Grund dieser Untersuchungen entstanden.

Anfang der achtziger Jahre wurden die ersten deutschen Glühlampen wiederum in Stützerbach gefertigt. Dann entwickelte sich die Glühlampenindustrie bald zu einem selbständigen Industriezweig, der heute weitgehend mechanisiert ist. Ähnlich verlief die Entwicklung der Röntgenröhre, die erstmalig in der Welt für den Erfinder in Gehlberg und Stützerbach hergestellt wurde.

Auch die Isolierflasche mit Vakuummantel wurde erstmalig für den Erfinder A. WEINHOLD, Chemnitz, in Stützerbach hergestellt. Die wesentliche Verbesserung des Isolationsvermögens durch Verspiegeln der Wände durch DEWAR führte dann zur Verwendung der Isolierflasche für Zwecke des täglichen Gebrauches. Auch letzteres ging von Stützerbach als sogenannte Thermosflasche aus.

Während die Spezialisierung der Glashütten schon frühzeitig in solche, die Flachglas, Hohlglas, Preßglas oder optisches Glas herstellen, erfolgte, ist in der glasverarbeitenden Industrie dieselbe bei weitem noch nicht abgeschlossen. Von der Schmuckglasindustrie, die Perlen und Glasnippes fertigte, zweigte sich zuerst die Glasinstrumentenindustrie ab und von dieser die Herstellung von Glühlampen, Röntgenröhren, die von Thermometern, Fieberthermometern, Aräometern, Spritzen, Verpackungsgläsern und Ampullen. Eine weitere Aufteilung ist noch im Gange und für die Rationalisierung unumgänglich.

Wenn auch, von einigen Ausnahmen abgesehen, die Entwicklung der Glasindustrie in neuerer Zeit in erster Linie der privaten Initiative zu danken ist, so hat es der Staat doch nicht unterlassen, eine Hilfsstellung zu leisten. Im Jahre 1816 gründete Preußen die Kgl. Normaleichungskommission, die 1869 vom Norddeutschen Bund und 1871 als Kaiserliche Normaleichungskommission vom Reich übernommen wurde. 1918 wurde sie in Reichsanstalt für Maß und Gewicht umbenannt und 1923 der Physikalisch-Technischen Reichsanstalt als besondere Abteilung I angegliedert. Mit besonders weitreichenden Aufgaben und Vollmachten wurde diese Abteilung der PTR durch das neue Maß- und Gewichtsgesetz vom 13. Dez. 1935 betraut. Dieses Gesetz bringt die Ausdehnung der Eichpflicht auf alle Meßgeräte, die im öffentlichen Verkehr zur Bestimmung des Umfanges von Leistungen angewendet werden. Die Entwicklung der Glasinstrumentenindustrie zur Präzisionstechnik ist in erster Linie der Physikalisch-Technischen Reichsanstalt in Verbindung mit dem Obereichamt Ilmenau zu verdanken, die in ihrer Eichordnung die international anerkannten Grundlagen hierzu geschaffen haben. Die übrigen Staaten gingen ähnliche Wege, so die Vereinigten Staaten von Amerika mit der Gründung des Bureau of Standards und Großbritannien mit der des National-Physical Laboratory. Nicht umsonst hat man in USA nach den Erfahrungen zu Beginn des ersten Weltkrieges die glasverarbeitende Industrie zur Schlüsselindustrie, im letzten Weltkrieg sogar zur Hauptschlüsselindustrie (masterkey industry) erklärt und in der Zeit zwischen beiden Kriegen durch hohe Schutzzölle geschützt.

In neuer Zeit haben die westdeutschen Eichbehörden diese Aufgaben übernommen und der im Westen neu aufbauenden Glasindustrie wertvolle Hilfsstellung geleistet.

Ursprünglich war die Gesellschaftsform der Glasindustrie vorwiegend eine genossenschaftliche. Jeder Glasmachermeister besaß einen oder mehrere Häfen, in denen er das Glas schmolz, das er gerade brauchte. In Verarbeitung und Vertrieb war er frei. Er verkaufte das fertige Glas entweder direkt auf Jahrmärkten oder durch Händler. Während der Zeit der Ofenreparatur, die jährlich durchgeführt werden mußte, wurden die Gesellen, die zum Ofenbau nicht benötigt waren, im Walde mit Holzfällen und Aschebrennen beschäftigt. Diese Genossenschaften waren jedoch wenig anpassungsfähig, so daß sie in neuerer Zeit in die Hände einzelner Glasmachermeister oder Händler gerieten, die die Anteile der weniger tüchtigen Genossen erwarben. Trotzdem blieb, wenn man von den weitgehend mechanisierten Hütten absieht, der weitaus größte Teile der Glasindustrie dem Mittel- und Kleinbetrieb vorbehalten. Besonders in der glasverarbeitenden Industrie herrscht noch der Klein- und Kleinstbetrieb bis zum Hausgewerbe vor, so daß jedem, der etwas leistete, der Aufstieg ermöglicht war. Es wäre ein sozialer Rückschritt, wollte man diese gesunde Gliederung und natürliche Entwicklung zugunsten großer Konzerne aufgeben.

2. Glas als Werkstoff für chemische Laboratoriumsgeräte

Für den Gebrauch des Glases als Werkstoff für chemische Laboratoriumsgeräte entscheiden folgende Eigenschaften:

> Chemische Widerstandsfähigkeit,
> Thermische Widerstandsfähigkeit,
> Schmelzbarkeit,
> Plastizität im flüssigen Zustande,
> Stabilität des glasigen Zustandes.

Die chemische Widerstandsfähigkeit ist die wichtigste Eigenschaft eines für chemische Zwecke verwendeten Glases und kann für die Brauchbarkeit eines Glases für diese Zwecke überhaupt entscheiden. Sie schwankt zwischen den Extremen, dem Quarzglas und dem Wasserglas.

Je nach ihrer chemischen Widerstandsfähigkeit gegen Wasser werden die Gläser in die von MYLIUS angegebene Klassifikation eingereiht. Er unterscheidet:

> 1. Klasse: Wasserbeständige Gläser; Grießwert 0—60.
> 2. Klasse: Resistente Gläser; Grießwert 60—120.
> 3. Klasse: Harte Apparategläser; Grießwert 120—530.
> 4. Klasse: Weiche Apparategläser; Grießwert 530—1240.
> 5. Klasse: Unbeständige Gläser; Grießwert über 1240.

Obwohl diese Klassifikation nicht in allen Fällen den allgemeinen Bedürfnissen entspricht und deshalb auch für Beurteilung des Flachglases nicht übernommen wurde, ist sie leider doch für chemische Laboratoriumsgeräte im Normblatt DIN DENOG 62 festgelegt worden. Praktischer wäre es gewesen, das Glas durch den Grießwert als Index zu charakterisieren. Weitere Ausführungen im Normblatt DIN DENOG 62 schwächen daher auch den Wert der starren Klassifikation durch die folgenden Verwendungszwecke der einzelnen Klassen erheblich ab:

Gläser der hydrolytischen Klassen 1 und 2 bieten den Vorteil der größeren Wasserbeständigkeit auch bei höheren Temperaturen, wie sie z. B. bei vielen analytischen Arbeiten erforderlich ist.

Gläser der hydrolytischen Klasse 3 haben für die meisten analytischen Arbeiten bei Zimmertemperatur eine genügende Wasserbeständigkeit.

Gläser der hydrolytischen Klasse 4 genügen für solche Laboratoriumsarbeiten, bei denen die aus dem Glas in Lösung gehenden Bestandteile keinen nachteiligen Einfluß ausüben.

Durch diese Erläuterung ist mit Recht der Schwerpunkt für die Beurteilung eines Glases auf die Art der Verwendung des aus ihm gefertigten Gerätes, nicht auf das Gerät selbst verlegt worden. Nur die 5. Klasse nach MYLIUS ist als für chemische Zwecke nicht brauchbar ausgeschaltet. Damit sind auch die jahrzehntelangen Bemühungen um ein Einheitsglas gegen ein solches entschieden. Es wäre ja auch eine Verschwendung, wollte man Apparate, die nie chemisch besonders beansprucht werden und bei denen eine Alkaliabgabe ohne jeden Belang ist, wie Exsikkatoren, Gasentwicklungsapparate, Trichterröhren, Tropftrichter, Verpackungsgläser für feste Stoffe u. a. m. aus einem erheblich teureren, chemisch widerstandsfähigen Glase herstellen, ganz abgesehen von den höheren Formkosten dieser Gläser und dem Bedarf an ausländischen Rohstoffen.

Für die Brauchbarkeit eines Glases für chemische Geräte ist in erster Linie die Alkaliempfindlichkeit der verwendeten Reagenzien bzw. der analytischen Methode sowie Zeit und Temperatur der Einwirkung auf das Glas maßgebend. Reaktionen, die ohne Schaden in der Kälte in Gläsern der vierten Klasse vorgenommen werden, können in der Hitze die erste Klasse erforderlich machen. Der Einfluß der in Lösung gegangenen Borsäure und Kieselsäure ist bisher wenig beachtet worden. Deshalb sollte die Einschränkung für den Gebrauch der Klasse 4 auch bei der Klasse 1 beachtet werden. Das gleiche gilt für die Dauer der Einwirkung. Es wäre unwissenschaftlich, wollte man z. B. für Pipetten, mit denen die Lösung nur für Sekunden in Berührung kommt, ein gleiches oder gar widerstandsfähigeres Glas fordern, als für die Verpackungsflasche, in der die gleiche Lösung oft jahrelang aufbewahrt wird. Deshalb erscheint auch die Forderung der Eichordnung, für Meßgeräte keine Gläser unterhalb der dritten Klasse zu verwenden, überspitzt, da Gläser der ersten Hälfte der vierten Klasse sich seit Jahrzehnten auch in den Tropen für diese Zwecke durchaus bewährt haben. Die zweite Hälfte der vierten Klasse ist allerdings nicht mehr brauchbar. Für Meßgeräte erscheint es wichtiger, auf eine gute Benetzbarkeit des Glases zu achten, und das erfordert eine leichte Wasserhaut, die durch schwache Quellung der Oberfläche, wie sie gerade bei Gläsern mit höherem Grießwert auftritt, hervorgerufen wird.

Für die meisten Fälle genügt die Mindestanforderung, die an jedes Glas ohne Rücksicht auf seinen Verwendungszweck gestellt werden muß, seine Lagerbeständigkeit, das heißt, ein Glas soll beim Lagern in feuchtwarmer Atmosphäre nicht verwittern. Solche Gläser sind ohne besondere technische Schwierigkeiten herzustellen. Die Grenze der Lagerbeständigkeit liegt beim Grießwert 1000. Gläser, die nicht genügend lagerbeständig sind, erkennt man durch folgende Schnellmethode: Man hängt ein Stückchen des zu untersuchenden Glases in Wasserdampf von Atmosphärendruck, am einfachsten in ein Dampfbad. Nach drei Stunden bringt man es noch naß in einen Porzellantiegel und heizt schnell bis auf dunkle Rotglut. Nach dem Erkalten erkennt man mit bloßem Auge oder mit einer Lupe, daß sich Späne von der Glasoberfläche abgelöst haben. Wesentlich ist die schnelle Erhitzung, damit das durch Quellung aufgenommene Wasser nicht Zeit findet ohne Abheben der Späne zu verdampfen [5]. Direktes Erhitzen in der Flamme ist nicht angebracht, da die feinen Späne wegfliegen oder zusammenschmelzen und damit der Beobachtung entgehen. Bei längerem Erhitzen im Wasserdampf zeigen alle Gläser unterhalb der ersten Klasse diese Erscheinung.

Das Deutsche Arzneibuch (DAB 6) schreibt für Medizingläser die Narkotinprobe, in Nachtrag 1931 für Ampullengläser nur die Methylrot-Grießprobe vor. Die Narkotinprobe ist wegen subjektiver Fehler nur zur groben Unterscheidung minderwertiger Gläser brauchbar. Für hochwertige Gläser dürfte nur die Methylrot-Grießprobe in der genormten Form den Ansprüchen genügen.

Die Reproduzierbarkeit des Grieß-Titrationsverfahrens zur Bestimmung der Wasserbeständigkeit ließ zu wünschen übrig, solange wichtige Einflüsse wie die Siebdauer nicht beachtet wurden. Erst das im Jahre 1956 als Vornorm herausgegebene Normblatt DIN 12111 entspricht weitgehend dem neuesten Stand der Erkenntnisse.

Die Widerstandsfähigkeit gegen gesättigten Wasserdampf bei hohen Temperaturen und Drucken [5] liegt, von Bomben- und Wasserstandsröhren abgesehen, außerhalb des Rahmens der vorliegenden Betrachtung, sie spielt jedoch eine wesentliche Rolle bei Glasgeräten, die durch Sterilisation keimfrei gemacht werden müssen.

Auf das Verhalten des Glases nahe der kritischen Temperatur des Wassers, seine Quellung und Mineralisierung sei nur hingewiesen.

Die Widerstandsfähigkeit gegen Säuren (DIN 12116), mit Ausnahme der Fluß- und Phosphorsäure, läuft im wesentlichen mit dem Wassergehalt derselben parallel, ist im Grunde genommen nichts anderes als Wasserfestigkeit. Konzentrierte Säuren greifen demnach die gebräuchlichen Gläser weniger an als reines Wasser.

Die Widerstandsfähigkeit gegen Laugen (DIN 12122) dagegen ist von der des Wassers sehr verschieden und ganz erheblich geringer. Sie stuft sich mit der Stärke der Laugen, ihrer Konzentration, der Temperatur und der Dauer der Einwirkung ab. Je saurer, also je wasserfester und thermisch widerstandsfähiger ein Glas ist, um so größer ist der Laugenangriff. Vermindert wird der Angriff durch hohen Kalk- und Tonerdegehalt des Glases. Der hohe Kalkgehalt verringert den Angriff der Alkalikarbonate, ein hoher Tonerdegehalt den Angriff der Alkalihydroxyde [4]. Diese Erscheinungen sind aus der Bildung von Schutzschichten aus Kalk- und Tonerdesilikaten zu erklären. Aus diesem Grunde ist auch Porzellan erheblich laugenfester wie gerade die besten Gläser.

Die erheblich teureren thermisch widerstandsfähigen Gläser sind nur für Apparateteile gerechtfertigt, die starken Temperaturstößen ausgesetzt sind, in erster Linie also Kochgeräte wie Bechergläser und Kolben, soweit sie z. B. als Destillierkolben zur Destillation hochsiedender Substanzen verwendet werden. Kolben, die nicht über 100° erhitzt werden, wie z. B. die Kolben der Extraktionsapparate, können unbedenklich aus einem Glas der vierten Klasse gefertigt werden, wenn auf eine einigermaßen gleichmäßige Wanddicke gesehen wird. Wie schon erwähnt, besitzen thermisch hochwiderstandsfähige, stark saure Gläser eine überraschend geringe Laugenfestigkeit, die dadurch, daß sich keine unlöslichen Rückstände und Schutzschichten bilden, die Gläser also glatt in Lösung gehen, meist nicht erkannt wird. Bei der Verwendung von Schliffverbindungen zweier thermisch verschieden widerstandsfähiger Gläser, also zweier Gläser mit stark abweichenden Ausdehnungskoeffizienten, kann bei Temperaturen über 200° die Hülse gesprengt werden. Deshalb sind in solchen Fällen beide Teile aus dem gleichen Glase herzustellen.

Die Widerstandsfähigkeit gegen thermischen Stoß bestimmt man am einfachsten an 30 mm langen und 6 mm dicken Glasstäbchen, deren Enden verschmolzen und spannungsfrei sind. Diese Stäbchen werden in einem elektrischen Ofen auf bestimmte mit der Zahl der Versuche ansteigende Temperaturen erhitzt und in Wasser von 20° abgeschreckt (DIN E 52325). Die mittlere Abschrecktemperatur gibt ein Maß für die Temperaturwechselbeständigkeit. Bei gleichartig zusammengesetzten Gläsern sind die so bestimmten Werte ungefähr umgekehrt proportional dem Ausdehnungskoeffizienten.

Die Schmelzbarkeit steht im Widerstreit mit den ersten beiden Forderungen der chemischen und thermischen Widerstandsfähigkeit. Sie schwankt wie diese zwischen den Extremen, dem Quarz- und dem Wasserglas. Sie ist das Grundproblem des Glasschmelzens überhaupt und wird in erster Linie begünstigt durch den Alkaligehalt des Glases, der aber seinerseits wiederum die Widerstandsfähigkeit in beiden Richtungen stark herabsetzt. Nur durch Ersatz eines Teiles der Alkalien durch andere Schmelzmittel, wie Borsäure, Erdalkalien und Schwermetalloxyde war es möglich, hochwertige Spezialgläser wirtschaftlich herzustellen. Da aber diese Schmelzmittel niemals die Schmelzwirkung der Alkalien erreichen, bleiben diese Spezialgläser immer noch erheblich schwerer schmelzbar als die Apparategläser der Myliusschen Klassifikation. Sie sind ohne Zusatz von reinem Sauerstoff nicht mehr vor der Lampe zu verarbeiten.

In einigen Fällen muß auch im chemischen Laboratorium auf eine gewisse Schwerschmelzbarkeit Wert gelegt werden, z. B. bei Verbrennungsrohren zur Elementaranalyse. Der Bedarf ist jedoch so klein, daß seine kurze Erwähnung hier genügt. Das gleiche gilt für Gläser, die für Arsenbestimmung dienen, also arsenfrei sein müssen.

Gläser, die durch Pressen oder mechanisches Einblasen verarbeitet werden sollen, müssen, wie der Glasmacher sagt, „kurz" sein. Im Gegensatz hierzu benötigt das freihändige Weiterverarbeiten am Ofen oder das Verblasen vor der Lampe ein Glas, das lange plastisch bleibt, also in der Glasmachersprache „lang" ist. Diese letzte Eigenschaft wird durch Kali- und Tonerdegehalt begünstigt; auch einige Schwermetalloxyde wirken im gleichen Sinne.

Viele sonst gut brauchbare Gläser zeigen die unangenehme Eigenschaft, beim Erhitzen vor der Lampe matt zu werden. Dasselbe kann soweit gehen, daß sie für die Glasbläserei überhaupt unbrauchbar sind. Es handelt sich hier um eine Mineralisierung des Glases, also ungenügende Stabilität des glasigen Zustandes, beschleunigt durch Alkaliverlust der Oberfläche infolge Verdampfung, eine echte Entglasung, wobei die Feuchtigkeit des Leuchtgases eine gewisse Rolle zu spielen scheint. Durch einen hohen Tonerdegehalt kann diese Erscheinung praktisch vermieden werden. Der hohe Tonerdegehalt des in Thüringen früher ausschließlich verschmolzenen pegmatitischen Pörlitzer Sandes war die erst später erkannte Ursache dafür, daß gerade im Ilmenauer Gebiet die Glasinstrumentenindustrie ihr Rohglas finden und damit hier ihren Aufschwung nehmen konnte. Diese Entglasung darf nicht verwechselt werden mit dem Mattwerden der Oberfläche, das auftritt, wenn wenig wasserfeste Gläser nach langem Lagern in feuchter Atmosphäre vor der Lampe erhitzt werden. Dies ist keine Entglasung im eigentlichen Sinne, sondern ein Absplittern und Aufblähen der Oberflächenschicht durch das vom Glas beim Lagern aufgenommene und beim Erhitzen verdampfende Wasser. Die beim Kühlen und beim Verblasen auftretenden Beschläge haben ihre Ursache im Schwefelgehalt der Heizgase, sind also mit Glasgalle zu vergleichen. Sie sind, wenn sie nicht eingebrannt werden, in Wasser löslich.

Eine besondere Art der Entglasung zeigt das Pyrexglas. Es scheidet sich nicht wie bei anderen Gläsern ein Teil der Glasbestandteile als Kristalle ab, sondern in Form von Flüssigkeitströpfchen. Wir haben es hier also mit einer beschränkten Mischbarkeit zweier Gläser zu tun, wie sie bei vielen organischen Flüssigkeiten bekannt ist. In anorganischen Systemen ist diese Erscheinung in der Nähe der kritischen Temperatur sehr weit verbreitet. Innerhalb des Kieselsäuregerüstes scheidet sich eine Bortrioxyd-Alkalilösung ab, ähnlich einer Emulsion, wie z. B. das Fett in der Milch. Wie das Fett aus der Milch mit Äther, kann das Bortrioxyd-Alkali-Gemisch mit Wasser herausgelöst werden, so daß im wesentlichen nur das Kieselsäuregerüst übrig bleibt. Das Glas wird dadurch porös. Es ist jedoch weiter möglich, es bei höherer Temperatur wie das Kaolingerüst des Porzellans zusammenzusintern, so daß wieder ein klares Glas entsteht. Wie das Porzellan schrumpft das Glas um etwa ein Fünftel seines Volumens, ohne die Ähnlichkeit zu verlieren. Da das Restglas einen SiO_2-Gehalt von etwa 98% besitzt, wird auf diese Weise ein Glas gewonnen, daß an der Grenze des Quarzglases steht und nahezu dessen thermische Eigenschaften besitzt. Der große Vorteil dieses Vycor-Glases ist, daß dem Glas noch bei tieferen Temperaturen die endgültige Form gegeben werden kann und erst das äußerlich fertige Produkt in ein Glas umgewandelt wird, dessen Verformung einen bedeutend höheren Wärmeaufwand benötigen würde.

Eine Sonderanforderung, die nur für Thermometer, Aräometer und Pyknometer gestellt werden muß, ist die Volumenbeständigkeit des Glases nach vorhergehendem Erhitzen oder langem Lagern, die thermische Depression und der säkulare Anstieg. Hier ist das gemeinsame Auftreten von Natron und Kali nachteilig. Man schmilzt daher für diese Zwecke natronfreie Kali- oder kalifreie Natrongläser, die durch andere Zusätze von Schott bis zum Thermometerglas für hochgradige Thermometer verbessert worden sind.

Borosilikatgläser sind im allgemeinen für Helium durchlässig. Eine Ausnahme bildet das bleihaltige Borosilikatglas EW, das nach Angabe des Kamerlingh-Onnes-Instituts in Leiden sich als Werkstoff für Dewar-Gefäße zur Aufbewahrung von verflüssigtem Helium bewährt hat. Die Erklärung könnte vielleicht in der verschiedenen Netzstruktur dieser Gläser zu suchen sein.

Wie aus dem eben Dargestellten hervorgeht, stellt ein für die Weiterverarbeitung vor der Lampe geeignetes Glas einen Kompromiß dar, bei der andere sonst wichtige Eigenschaften wie Farblosigkeit, Lichtbrechungsvermögen und optische Reinheit nur eine untergeordnete Rolle spielen.

Aus wirtschaftlichen Gründen sind bei der Normung des Werkstoffes Glas die Rohstofflage und die Reparaturmöglichkeit der im Gebrauch befindlichen Geräte zu berücksichtigen.

Zusammenfassend läßt sich unter Berücksichtigung aller dieser Anforderungen feststellen, daß für chemische Laboratoriumszwecke nur die folgenden Glastypen unentbehrlich sind:

A. Erste hydrolytische Klasse:
  a) ein Borosilikatglas vom Typ Pyrex.
  b) ein Erdalkaliborosilikatglas vom Typ Jena 20.

B. Erste Hälfte der vierten und die dritte Klasse:
  ein Alkalikalktonerdeglas vom Typ Geräteglas G & F und AR-Glas.

C. Thermometergläser:
  a) ein Thermometerglas für niedere Temperaturen vom Typ 16 III,
  b) ein Thermometerglas für höhere Temperaturen vom Typ 2954 III.

D. Ein schwerschmelzbares Glas vom Typ Supremax.

Eine Normung des Glases innerhalb dieser Gruppen, vor allem innerhalb der Gruppe B ist vielleicht mit Aussicht auf Erfolg durchführbar. Eine Angleichung der Gläser ist in diesem beschränkten Rahmen von einzelnen Hütten schon seit langem angestrebt. Es wäre zu begrüßen, wenn diese Bestrebungen neu aufgenommen würden und sich auch andere Hütten, die chemisch-technisches Hohlglas herstellen, anschlössen. Zwischen den Thermometergläsern (Ca obiger Zusammenstellung) und den Gläsern für Thermometerkapillaren ist eine Anpassung längst selbstverständlich.

3. Die Normung chemischer Laboratoriumsgeräte

Wie dringend notwendig nach dem ersten Weltkrieg eine Normung und besonders eine Beschränkung der Typenzahl war, mag aus der Tatsache hervorgehen, daß mindestens 5000 Typen listenmäßig geführt und diese noch in vielen Größen hergestellt wurden. In der Literatur sind nach einer Zusammenstellung des Verfassers, die auf Vollzähligkeit keinen Anspruch machen kann, 119 Gasentwicklungsapparate, 92 Extraktionsapparate, 59 Kaliapparate, 36 Kühler und 23 Gaswaschflaschen beschrieben, um nur einige Gerätetypen zu nennen. Wie sich verschiedene Anforderungen, die an sich nebensächlich erscheinen, aus-

wirken, sei an Meßflaschen erläutert. Schon die Bezeichnung der Maß-
einheit war sehr verschieden. Es waren die folgenden Abkürzungen
gebräuchlich: g, gr, cc, ccm, cmc, cm³, ml, l. Meßflaschen mußten
in mindestens 15 Größen ausgeführt werden, eichfähig und nichteich-
fähig, geeicht und nicht geeicht, justiert auf Einguß, Ausguß oder beides,
justiert auf verschiedene Normaltemperaturen, auf das wahre und das
MOHRsche Liter, als Enghals- und Weithalsflaschen, mit erweitertem,
trichterförmigem oder graduiertem Hals, mit nicht austauschbarem oder
austauschbarem Stopfen oder ohne Stopfen, mit Griff-, Deckel- oder
Lampenstopfen, mit dicker oder dünner Wand, in Kolben- oder Flaschen-
form und das alles noch in den verschiedenen handelsüblichen Glasarten. Variiert man all die Möglichkeiten, so kommt man zu Zahlen,
die jeder Serienfertigung und Lagerhaltung spotten. Es war also nur
noch Maßarbeit möglich, deren wirtschaftliche Last ausschließlich dem
Hersteller aufgebürdet wurde.

In richtiger Erkenntnis dieser Schwierigkeiten gründete Dr. MAX
BUCHNER im Jahre 1918 die Fachgruppe für chemisches Apparatewesen
im Verein Deutscher Chemiker und später die Deutsche Gesellschaft
für chemisches Apparatewesen (Dechema). Ihm ist es auch zu danken,
daß nach einer Vorbesprechung während der Tagung des Vereins Deutscher Chemiker in Würzburg, am 7. Oktober 1919 unter dem Vorsitz
von Geh. Regierungsrat BÖTTCHER in der Fachschule zu Ilmenau der
erste Normenausschuß für Laboratoriumsgeräte zusammentrat. Er fand
eine durch den Krieg und die Demoralisation der Nachkriegszeit auf
ein denkbar niedriges Niveau gesunkene Glasindustrie vor. Auch die
wenigen Firmen, die noch genügend Selbstverantwortungsgefühl auf-
brachten, um die Qualität zu halten, schwebten in höchster Gefahr,
in dem Preisstrudel unterzugehen. Hochwertige Arbeit war mit dem
durch die Geldentwertung beschleunigten Verfall der effektiven Preise,
Mindestentgelte und Löhne nicht zu vereinbaren. Es war die goldene
Zeit für Schieber und andere Wirtschaftsschädlinge.

In der ersten Sitzung des Normenausschusses für Laboratoriumsgeräte wurde der Verfasser damit beauftragt, eine Typenauswahl vor-
zuschlagen. Dies geschah möglichst auf Grund experimentellen Befun-
des im Jahre 1920 in einer Reihe von Aufsätzen in der Zeitschrift für
angewandte Chemie [6]. Damit war eine erste Verhandlungsgrundlage
für die Normung geschaffen, und damit begannen aber auch leider die
ersten Schwierigkeiten.

Es war verständlich, daß man zuerst versuchte, die Qualität auf
einem bestimmten Niveau zu stabilisieren. Leider schoß man aber dabei
weit über das Ziel hinaus, indem man z. B. für Meßgeräte nur die eich-
fähige Ausführung normte, zum Teil sogar noch über die Eichvorschriften hinausging. Man berücksichtigte nicht, daß die dadurch ein-

tretende Verteuerung die wirtschaftliche Notlage nur noch verschärfte
und die Einführung der Normen geradezu verhinderte. Sogar bei geeich-
ten Geräten selbst, also bei gleicher Fehlergrenze, verhinderten zu enge
Toleranzen die Verbreitung der Normung. Trotz aller Warnungen der
herstellenden Industrie blieb dieser Zustand bis zuletzt bestehen. Die
vorgeschlagene Normung einer nichteichfähigen Qualität scheiterte
stets an der Ablehnung einiger Verbraucher. Da die meisten Verbraucher
andererseits die hohen Preise der genormten Geräte ablehnten, sie sich
dieselben damals wohl auch nicht leisten konnten, blieb die Normung auf
dem Papier und der alte Zustand unverändert, nach dem mindestens 90%
aller Meßgeräte in nicht normengerechter Ausführung hergestellt werden.

Die Hauptursache dieses Mißerfolges lag darin, daß der Verbraucher
eben nur eine Hebung der Qualität wünschte, aber nicht auf liebgewor-
dene Gewohnheiten und Sonderwünsche verzichten wollte, also eine
wirksame Typenbeschränkung ablehnte. Im Fachnormenausschuß über-
wogen damals die Verbraucher bei weitem die Hersteller, und oft wurde
nach der reinen Stimmenzahl entschieden. Dies führte dazu, daß die
herstellende Industrie und auch die Physikalisch-Technische Reichsanstalt die Verantwortung für diese Entwicklung ablehnen mußten und
sich zeitweise aus dem Fachnormenausschuß zurückzogen. Nicht einmal der aufopfernden Tätigkeit des ersten Vorsitzenden Dr. H. RABE
und der geschickten Verhandlungsführung seiner Nachfolger gelang es,
diese Schwierigkeiten dauernd zu beseitigen. Oft mußte der Deutsche
Normenausschuß vermittelnd eingreifen. Die Glasindustrie war viel zu
zersplittert, um diesem Druck standhalten zu können, zumal auch sie
auf viele gängige, aber entbehrliche Sonderfertigungen mit Rücksicht
auf wichtige Kunden nicht verzichten zu können glaubte. Bei der weit-
gehenden Spezialisierung von Wissenschaft und Technik war es dem
einzelnen im Normenausschuß vertretenen Spezialisten naturgemäß
nicht möglich, den Gesamtbedarf klar zu übersehen. Das letztere ist
wohl nur von einem Standpunkte aus möglich, bei dem alle Fäden
letzten Endes zusammenlaufen, beim Hersteller. Doch dieser erlangte
erst in den letzten Kriegsjahren den erforderlichen Einfluß.

Grundsätzlich änderte sich die Lage erst in dem Augenblick, als die
Glasindustrie ihre Fabriknormen ohne Rücksicht auf die bestehenden
Normen auf Normschliffe, und vor allem auf Bauelemente umstellte.
Obwohl diese Umstellung ohne Mitwirkung der Verbraucher geschah,
fand sie doch überraschend schnell volle Anerkennung im In- und Auslande, so daß die Normung diese Geräte fast unverändert übernehmen
konnte. Leider verhinderte der Ausgang des Krieges die Herausgabe
der meisten dieser Normen, von denen etwa 100 Entwürfe fertig vorlagen. Es besteht jedoch Aussicht, daß diese Arbeiten in nächster Zeit
abgeschlossen werden können.

Mit dem Normschliff änderten sich automatisch alle Schliff- und Stopfenanschlüsse. Es machte sich daher erforderlich, sämtliche Normenblätter, die Schliff- und Stopfenanschlüsse enthalten, auf die neuen Maße umzustellen. Bei den Normblättern für Kochkolben ist dies noch vor Kriegsende geschehen, ebenso bei Kühlern. Um bei Kochkolben für Gummi- und Schliffstopfenverschluß die gleichen Eisenformen verwenden zu können, wurde auch für Kolben ohne Schliffstopfen ein Schliffbett eingeführt, was sich im allgemeinen bisher auch bewährt hat, aber neuerdings wieder aufgegeben wurde. Es ist kaum eines der alten Normblätter, das von dieser Maßnahme der Umstellung auf Normschliff nicht betroffen worden wäre.

Als Stopfenform wurde einheitlich der Deckelstopfen als Norm festgelegt, und zwar für nichtaustauschbare Stopfen mit kreisförmigem (DIN 12551), für austauschbare Stopfen mit achteckigem Deckel (DIN 12252).

Für Meßgeräte wurde nach langen Kämpfen das Milliliter (ml) als einzige Raumgehaltsbezeichnung für Laboratoriumsgeräte festgelegt und damit eine international gültige Norm geschaffen.

Die besonders schwierigen Verhältnisse bei Aräometern erhielten durch die von WALLIS eingeführten Spindelgrade eine in ihrer Einfachheit geniale Lösung. Doch auch hier sind noch die in der menschlichen Trägheit begründeten Schwierigkeiten zu überwinden. Es besteht sogar die Gefahr, daß die genormten Spindeln einen neuen Typ bringen, ohne die bisherigen zu verdrängen, wie es schon bei der Einführung der rationellen Beauméskala geschehen ist.

Als Normaltemperatur wurde 20° festgelegt. Nur für Flüssigkeiten, deren hohe Tension bei 20° die Bildung eines klaren Meniscus beeinträchtigt, wurde 15° zugelassen; für Geräte, die für die Tropen bestimmt sind, 25°. Nur die Zollbehörde blieb bei 15°.

Die Differenz zwischen der Justierung auf Einguß und Ausguß ist der Benetzungsrückstand an der inneren Wand des Gefäßes. Dieser Rückstand ist abhängig von den kapillaren Eigenschaften der Flüssigkeiten und dem Zustand der Glasoberfläche. Die kapillaren Eigenschaften der Flüssigkeiten sind außerordentlich von der Art der Flüssigkeit abhängig. Die durch Nichtbeachtung verursachten Fehler können, z. B. bei alkoholischen Seifenlösungen den Eichfehler weit übersteigen. Bei wässerigen Lösungen unter normaler Konzentration liegt die Abweichung von der des Wassers unter der Eichfehlergrenze. Deshalb werden die meisten Meßgeräte auf Wasser als Benetzungsflüssigkeit justiert. Für konzentrierte und nichtwässerige Lösungen sind besondere Korrekturen erforderlich, deren Größe man am besten empirisch ermittelt, da Tabellen hierfür noch nicht vorliegen. Man kann sich auch dadurch helfen, daß man auf Einguß justierte Geräte verwendet und nach dem Ausguß ausspült, wenn die Verdünnung durch die Spülflüssigkeit nicht stört. Sonst wird man mit Wägung arbeiten. Aus dieser Überlegung ist ersichtlich, daß die englische Bezeichnung „contains" richtiger ist als die deutsche „Einguß". Besser wäre es, statt Einguß „Inhalt" zu setzen. Wenn auch ein Antrag in dieser Richtung keinen Anklang fand, so ist doch die neuerdings zur Norm vorgeschlagene Bezeichnung „in" und „ex" zu begrüßen. Es ist daher durchaus verständlich, wenn die Justierung von typischen Ausgußmeßgeräten, wie Vollpipetten und Meßpipetten, auf Einguß zur Eichung zugelassen ist, so widersinnig das auch klingen mag. Im übrigen richtet sich die Vorschrift für den Benetzungszustand eines Gerätes ganz nach dessen Gebrauch; so werden Meßflaschen nur auf Einguß, Meßzylinder nur auf Ausguß, Mischzylinder nur auf Einguß, Meßpipetten und Vollpipetten auf Einguß und Ausguß, Büretten auf Ausguß, Gasmeßgeräte, soweit sie für Wasser als Sperrflüssigkeit dienen, auf Ausguß zugelassen.

Ein weiteres Problem der Normung war die Lage des Nullpunktes bei graduierten Meßgeräten. Auch hier entschied der Gebrauch. So wurde bei Meßzylindern der Nullpunkt am unteren Ende der Graduierung festgelegt, bei Büretten am oberen Ende. Bei Meßpipetten muß man unterscheiden, ob dieselben für totalen oder teilweisen Auslauf bestimmt sind, ob sie also wie Pipetten oder wie Büretten gebraucht werden. Im ersten Falle liegt der Nullpunkt an der Auslaufspitze, im letzteren Falle am oberen Ende der Graduierung. Doppelte Zahlenreihen sind für die gleiche Graduierung eigentlich widersinnig. Sie wurde nur bei Gasmeßgeräten zugelassen, um eine Subtraktion zu sparen; doch führt das, wie wir später sehen werden, zu Schwierigkeiten.

Obwohl das Bureau of Standards die Eichung von Meßgeräten mit Schellbachstreifen schon seit langem wegen Unzuverlässigkeit der Ablesung abgelehnt hat, war es in Deutschland leider nicht möglich, den Verbraucher zum Verzicht zu bewegen.

Anderseits muß allerdings auch zugegeben werden, daß sich bei Schellbachbüretten der Meniskus durch Lichtbrechung schärfer abhebt und deshalb von weniger Geübten leichter abgelesen werden kann. Die Parallaxe wird jedoch nur unvollkommen ausgeschaltet und macht weitere Vorrichtungen wie Ringteilung oder Blenden erforderlich.

Die alten Normblätter für Schalen wurden so umgestellt, daß die in ihren Abmessungen unverändert übernommenen Kulturschalen nach PETRI als Deckel dienen können. In einem besonderen Normblatt wurden sie mit Falz versehen und in verschiedenen Höhen genormt. In dieser Ausführung bilden sie mit Petrischalen als Deckel sehr praktische Dosen von Höhen von 15 bis 300 mm und Durchmessern von 35 bis 240 mm.

Austauschbare und nichtaustauschbare Schliffe unterscheiden sich nach den neuen Normblättern nur durch die Größe der Toleranz, so daß der Ausfall bei der Herstellung von austauschbaren Normschliffen für Geräte mit nichtaustauschbaren Schliffen Verwendung finden kann.

Zusammenfassend läßt sich feststellen, daß durch die Normung eine große Anzahl von Fragen angeschnitten und geklärt ist, auch wenn der äußere Erfolg noch nicht in dem Maße eingetreten ist, wie er nach der aufgewendeten Mühe hätte erwartet werden können. Man kann jedoch überzeugt sein, daß all die Arbeit nicht vergebens gewesen ist und die künftige Entwicklung auf dieser Grundlage einer neuen wirtschaftlichen Epoche entgegengeführt werden kann.

Andererseits muß man jedoch auch die Grenzen der Normung erkennen. Sie darf kein starres Dogma werden, das jeden Fortschritt verhindert. Neue Ideen sollen rechtzeitig erkannt und eingebaut werden.

> *„Und umzuschaffen das Geschaffene,*
> *Damit sich's nicht zum Starren waffne,*
> *Wirkt ewiges, lebendges Tun."* Goethe.

4. Die Anschlußmaße

Bei Laboratoriumsapparaten aus Glas kann man die einzelnen Apparateteile auf folgende Weise miteinander verbinden: 1. durch Verschweißen, 2. durch Schlauchverbindung, 3. durch Stopfenverbindung, 4. durch Schliffverbindung.

Das Verschweißen oder Verschmelzen einzelner Apparateteile ist zweifellos die sicherste und zuverlässigste Verbindungsart. Sie ist jedoch nur anzuwenden, wenn die einzelnen Apparateteile nicht vor und nach dem Versuche gewogen werden müssen, das leere Gerät an sich also gewichtskonstant bleiben muß. Die Starrheit der verschweißten Apparateteile läßt sich durch Einschalten von Glasfedern so weitgehend beheben, daß einzelne Apparateteile sogar maschinell geschüttelt werden können. Mittels entsprechender Übergangsgläser ist es möglich, auch Gläser mit verschiedenen Ausdehnungskoeffizienten miteinander und mit Metallen zu verschweißen. Bei einiger glasbläserischer Fertigkeit bietet das Verschweißen keine besondere Schwierigkeit.

Die häufigste Anschlußart ist dank ihrer einfachen Herstellung die Schlauchverbindung. Sie erfolgt, wenn irgend möglich, Glas an Glas, so daß die Gase und Flüssigkeiten möglichst wenig mit Gummi in Berührung kommen (Abb. 1).

Für mikrochemische Arbeiten ist es erforderlich, den Schlauch zuvor entsprechend zu behandeln, da verschiedene Gase, wie z. B. Kohlendioxyd, durch Gummi diffundieren. Für die meisten Zwecke verwendet man daher senkrecht zur Achse glatt abgeschnittene, schwach verschmolzene Rohrenden, die man erforderlichenfalls noch planschleifen

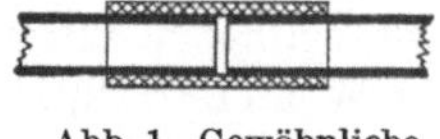

Abb. 1. Gewöhnliche Schlauchverbindung

und polieren kann. Für Schlauchstutzen sind folgende Abmessungen genormt:

$$5{,}5\ (\pm\ 0{,}5);\ \ 7{,}5\ (\pm\ 0{,}5);\ \ 12{,}5\ (\pm\ 0{,}5).$$

Für Mikrogeräte ist das Anschlußmaß 3,5 ($\pm$ 0,2) gebräuchlich.

Besteht die Gefahr des Abgleitens des Schlauches bei erhöhtem Innendruck, so wird das Rohrende als Schlaucholive ausgebildet und mittels Ligatur am Schlauch befestigt. Solche Schlaucholiven sind z. B. für die Kühlwasseranschlüsse der Kühler genormt (Abb. 2).

Für Vakuumverbindungen sind sehr dickwandige Schläuche mit verhältnismäßig engem Lumen gebräuchlich, die vom Luftdruck nicht

Abb. 2.
Kühlwasseranschluß

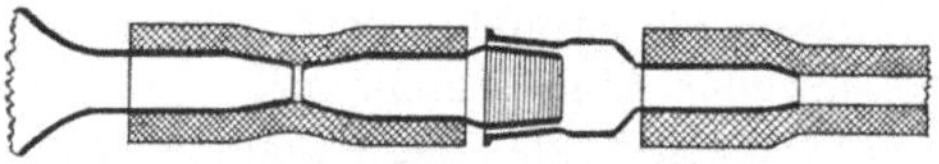

zusammengedrückt werden können. Die Schlauchstutzen werden bis zur Weite des Schlauches konisch verengt, damit sie leichter ohne Beschädigung des Schlauches eingeschoben werden können. Eigentliche Schlaucholiven sind nicht erforderlich, da die Verbindung durch den Luftdruck zusammengehalten wird. Müssen solche Vakuumverbindungen, wie z. B. an Filtrierflaschen öfter gelöst werden, so ist es sehr bequem und trägt sehr zur Verlängerung der Lebensdauer der teuren Vakuumschläuche bei, Normschliffe (NS 7,5) als Kupplungen sowohl an der Pumpe wie an der Filtrierflasche fest anzubringen und bei Austausch der Filtrierflaschen nicht die

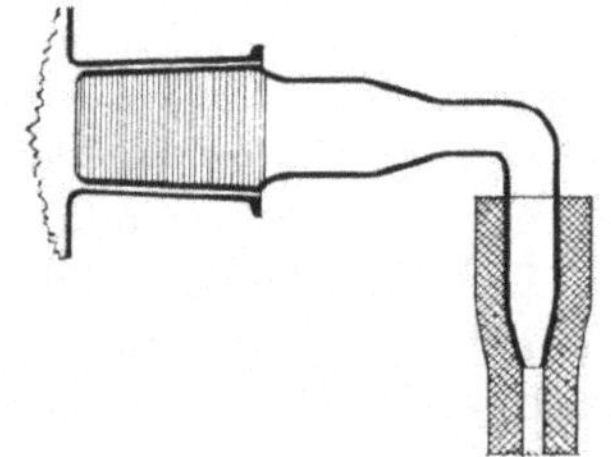

Abb. 3. Vakuumschlauchverbindung
mit Normschliffkupplung

Abb. 4. Schliffstopfen und Anschluß
zum Vakuumschlauch

Schlauchverbindung, sondern die Schliffverbindung zu lösen (Abb. 3). Wenn man nach dem Vorschlage des Verfassers die Filtrierflaschen an Stelle des Schlauchstutzens mit einem Normschliffstutzen (NS 19) ausstattet, erreicht man den gleichen Zweck (Abb. 4). Zum Druckausgleich kann ein Dreiweghahn zwischengeschaltet werden.

Für Verbindungen, die unter höherem Druck als eine Atmosphäre stehen, verwendet man Gummischlauch mit Stoffeinlage. Da dieser Schlauch jedoch nur wenig elastisch ist, macht die Verbindung mit zerbrechlichen Glasteilen Schwierigkeiten. Für die direkte Verbindung der Wasserstrahlpumpe mit der Wasserleitung wurde vom Verfasser [7] eine Stopfbüchse mit Gummistopfen als Dichtungsmittel angegeben, die sich seit langem bewährt hat (Abb. 5).

Zur Abdichtung des Kühlwassermantels auf dem Dampfrohr des Liebigkühlers werden diese beiden Teile nicht aneinander gestoßen, sondern ineinander gesteckt (Abb. 6). Diese Verbindungsart stellt natürlich an die Elastizität des Werkstoffes höhere Ansprüche. Man ist deshalb in letzter Zeit mehr und mehr zu Kühlern mit angeschmolzenem Kühlmantel übergegangen.

Die älteste Verschlußart von Glasflaschen ist der Korkstopfen. Im Laboratorium werden Korkstopfen in Form eines Kegelstumpfes mit einer Verjüngung 1:5 verwendet. Zylindrische Korke, wie sie für Weinflaschen üblich sind, dichten zwar besser, doch ist diese Verbindung doch von vielen organischen Lösungsmitteln angegriffen oder quellen schwer lösbar und erfordert sehr dickwandige Flaschenhälse. Im chemischen Laboratorium finden daher zylindrische Korke nur vereinzelt bei hohen Binnendrucken Verwendung. Korkstopfen haben den Nachteil unzuverlässiger Dichtung. Die chemische Widerstandsfähigkeit des Korkes gegen Säuren ist gering, gegen organische Lösungsmittel gut. Bei Anwendung als Dichtungsmittel gegen letztere ist je-

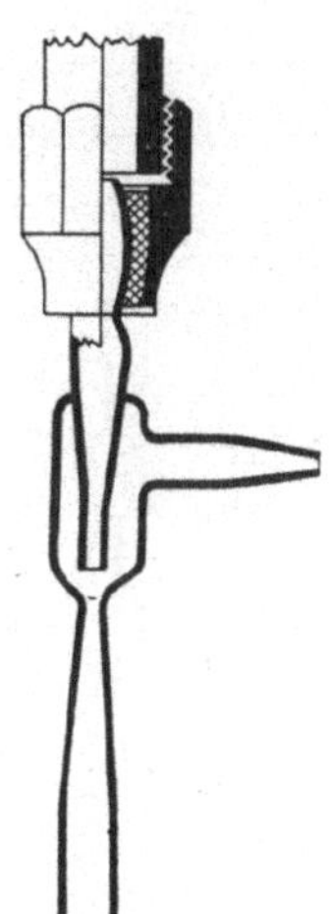

Abb. 5.
Druckfeste Verbindung
von Metall mit Glas

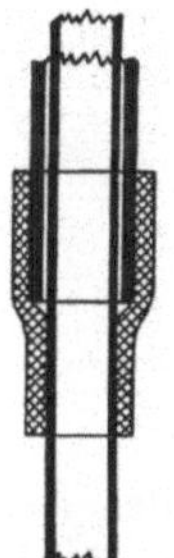

Abb. 6. Verbindung zweier
ineinandergeschobener Rohre
(LIEBIG-Kühler)

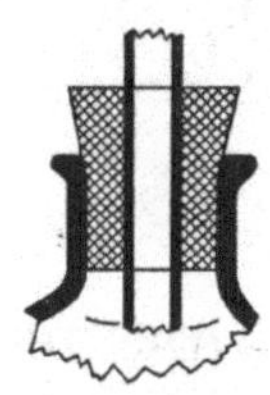

Abb. 7.
Gummistopfen

doch zu beachten, daß das Harz des Korkes von vielen organischen Lösungsmitteln mit der Zeit herausgelöst wird, wodurch der Kork seine Elastizität verliert. Auch bei höheren Temperaturen leidet die Dichtungsfähigkeit durch Schrumpfen des Korkes.

Man ist deshalb in den letzten Jahrzehnten mehr und mehr zur Verwendung von Gummistopfen übergegangen (Abb. 7), die dank der großen Elastizität des Werkstoffes eine hervorragende Dichtungsfähigkeit besitzen. Sie sind auch gegen verdünnte Säuren beständig, werden jedoch von vielen organischen Lösungsmitteln angegriffen oder quellen in diesen. Stopfen aus Buna oder Polyäthylen sind erheblich widerstandsfähiger als Naturgummi. Bei höheren Temperaturen sind Gummistopfen nicht brauchbar. Die Verjüngung der Stopfen ist die gleiche wie die der Korkstopfen (1:5). Das Kleinstmaß der Stopfen aus weichem Gummi soll etwa der größten Weite der Hälse entsprechen. Die Elastizität des Werkstoffes hält den erforderlichen Dichtungsdruck aufrecht.

Bei der Normung der Kochgeräte ist mit Erfolg versucht worden, nicht nur bestimmte Maße für die Halsweiten der einzelnen Kolbengrößen festzulegen, sondern auch die Zahl der Stopfengrößen zu beschränken. Die ursprünglich festgelegten Halsweiten 20, 25, 30, 40, 50 mm waren Außenmaße, die in der Hütte leichter einzuhalten sind als Innenmaße, aber den Verbraucher direkt kaum interessieren, da sie für die Passung der Stopfen belanglos sind. Diese Maße wurden nach Abzug der allerdings etwas zu gering angesetzten Wanddicken auf Innenmaße umgestellt und als Norm in den Dimensionen 18, 23, 28, 38, 47, 67 mm angenommen (DIN DENOG 20). Nach gegenseitiger Angleichung der Stopfen- und Schliffnormen und der alten Normal-

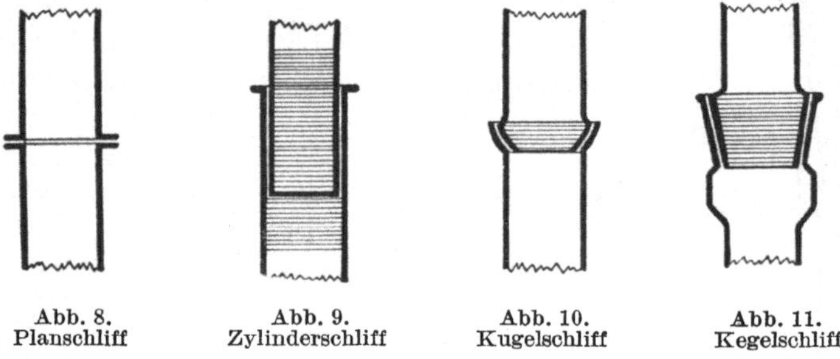

<table>
<tr><td align="center">Abb. 8.
Planschliff</td><td align="center">Abb. 9.
Zylinderschliff</td><td align="center">Abb. 10.
Kugelschliff</td><td align="center">Abb. 11.
Kegelschliff</td></tr>
</table>

schliffe (DIN DENOG 25) wurden auch die Kolben, die früher zylindrische Hälse besaßen, wie schon früher erwähnt, mit Stopfenbetten ausgestattet.

Schliffverbindungen haben den großen Vorteil chemisch indifferent zu sein, soweit es Glas überhaupt sein kann. Je nach Form der Schliffläche lassen sich die folgenden Gruppen unterscheiden: Planschliffe, Zylinderschliffe, Kugelschliffe und Kegelschliffe.

Planschliffe finden ausgedehnte Verwendung zur Verbindung von Apparateteilen mit großen Durchmessern. Genormt sind nur die für Exsikkatoren mit 100, 150, 200 und 250 mm kleinstem Durchmesser verwendeten Schliffe (DIN DENOG 44). Als Passung schreibt das Normblatt Vakuumdichtigkeit vor (Abb. 8).

Zylinderschliffe sind bisher nur für medizinische Spritzen verwendet worden. Im chemischen Laboratorium haben sie nur für einige Meßgeräte und Rührlager Eingang gefunden, da erstere vom Benetzungsrückstand unabhängig sind (Abb. 9).

Kugelschliffe konnten sich trotz ihrer gelenkartigen Beweglichkeit im Laboratorium nur langsam einbürgern, da sie ohne Metallarmaturen nicht selbst tragen (Abb. 10).

Für Apparate im halbtechnischen Maßstab haben Kugelschliffe große Bedeutung erlangt und sich auch an Hochvakuumleitungen bewährt.

Kegelschliffe sind die bei weitem gebräuchlichsten Schliffe des chemischen Laboratoriums (Abb. 11). Je nach ihrer Passung unterscheidet man nichtaustauschbare und austauschbare Normschliffe. In der Glasindustrie pflegt man die ersteren als gewöhnliche Schliffe zu bezeichnen, und den Begriff Normschliff nur für austauschbare, im Sinne des früher gebräuchlichen Begriffes Normalschliff zu verwenden. Aus Gründen der Einfachheit soll dieser Brauch auch hier beibehalten werden, denn die Tage des nichtaustauschbaren Schliffes dürften im chemischen Laboratorium gezählt sein. Der Normschliff hat eine solche Wichtigkeit erlangt, daß ihm ein besonderes Kapitel gewidmet werden muß.

5. Der Normschliff

Schon in den Apotheken und alchimistischen Laboratorien des Mittelalters finden wir eingeschliffene Flaschenstopfen. Mit der Entwicklung der Chemie zur exakten Wissenschaft vor etwa hundert Jahren stiegen auch die Ansprüche, die an die Passung dieser Kegelschliffe gestellt wurden, rasch an und erreichten bald eine große Vollkommenheit. Sie wurden in der Weise hergestellt, daß die meist vor der Lampe oder in der Hütte vorbereiteten Glasteile erst mit Sand und Wasser auf Eisenblechkegeln, dann Glas in Glas mit Schmirgel und Öl ineinandergeschliffen wurden, bis die gewünschte Passung erreicht war. Durch diese Arbeitsweise ist zwar ein gut dichtender Schliff erreichbar, jedoch nur bei paarweise zusammengeschliffenen Kernen und Hülsen.

Um Austauschbarkeit zu erreichen, wurden bald (um 1906) an Stelle des Nachschleifens Glas in Glas die Glasteile auf Kegeln bzw. Hohlkegeln, erst aus Hartblei, später aus Stahl geschliffen. Die Austauschbarkeit war natürlich nur so lange gewährleistet, wie sich diese Metallkegel nicht allzuweit abgenutzt hatten. Im allgemeinen ging die Austauschbarkeit in der ersten Zeit auf Kosten der Passung. Diese ersten „Normalschliffe“ waren bestenfalls innerhalb der einzelnen Lieferfirmen austauschbar, und auch dieses nur, wenn die Zeitpunkte der Lieferungen nicht allzuweit auseinander lagen.

Mit der fortschreitenden Entwicklung der Technik wurde dieses primitive handwerkliche Verfahren durch exaktere maschinelle ersetzt. Vor allem gaben neuzeitliche Meßgeräte und -methoden eine bessere Kontrollmöglichkeit.

Die für die ersten Normschliffe festgelegten Maße waren den damals gebräuchlichen nichtaustauschbaren Schliffen angepaßt. Sie waren also durchaus willkürlich. Nur um die Kontinuität zu wahren, wurden sie auch von der maschinellen Fertigung übernommen und hatten schon vor dem Kriege internationale Geltung erlangt.

Die ersten Normalschliffe, wie damals die austauschbaren Normschliffe genannt wurden, waren ausschließlich für Vakuumleitungen bestimmt und deshalb für chemische Laboratoriumsgeräte ungünstig dimensioniert. Dies und die außerordentliche Vielgestaltigkeit dieser Geräte waren die Ursache, weshalb sich der Normschliff nur zögernd im chemischen Laboratorium durchsetzen konnte. Daher mußte im Jahre 1927 das Normblatt kegelige Hälse DIN DENOG 20 noch für nichtaustauschbare Schliffe geschaffen werden. Diese Schliffe waren zum Teil erheblich kürzer und hatten auch sonst andere Abmessungen als die schon vorhandenen sogenannten Normalschliffe. Damals war die Entwicklung des Normschliffes noch nicht vorauszusehen.

Erst als im Jahre 1928 von dem Glaswerk Greiner & Friedrichs G. m. b. H. in Stützerbach die Einheitsschliffsysteme [8] geschaffen und die chemischen Laboratoriumsgeräte in einzelne Bauelemente zergliedert worden waren, eroberte der Normschliff — besonders in seiner verkürzten Form — schnell das chemische Laboratorium. Heute werden zahlreiche Geräte nur noch mit Normschliff ausgestattet, und die Zeit, in der der nichtaustauschbare Schliff aus dem chemischen Laboratorium verschwunden ist, dürfte nicht mehr fern sein.

Die Austauschbarkeit der alten Normalschliffe war nur innerhalb der einzelnen Herstellerfirmen einigermaßen gewährleistet. Die Toleranz für den Kegelwinkel betrug bei zuverlässigen Herstellern damals schon $\pm\,^1/_2{}'$. Eine allgemeine Austauschbarkeit wurde erst 1929 durch das Normblatt DIN DENOG 25 ,,Kegelschliffe für Glasverbindungen'' angestrebt. Die Abmessungen der schon vorhandenen sogenannten Normalschliffe wurden unverändert übernommen und die Toleranz für den Kegelwinkel erst (1929) mit $\pm\,2'$, später (1943) mit $\pm\,1'$ festgelegt. Erst durch diese Verengung der Winkeltoleranz war die Austauschbarkeit auch der Schliffe verschiedener Herstellerfirmen erreicht. Trotzdem dürfte der Normschliff eine Vertrauenssache zwischen Hersteller und Verbraucher geblieben sein.

Das Normblatt DIN DENOG 248 (1939) legt die inzwischen von der Glasindustrie Thüringens entwickelten Schliffe fest. Das Normblatt DIN 12242 (1943) schreibt nur noch verkürzten Schliff vor. Da die verkürzten Schliffe jedoch bei Hochvakuumarbeiten nicht genügend Sicherheit bieten, daß Dämpfe des Schmiermittels in das Vakuum gelangen, wurde auf dringenden Wunsch der Physiker hin für die kleinen Größen bis einschließlich 45 die bisherigen langen Schliffe für Hochvakuumarbeiten beibehalten (DIN 12243 (1944)).

Alle bisher aufgeführten Schliffe besitzen den Kegel 1:10 (Einstellwinkel 2° 52'). Um ein Lösen der Schliffe nach Gebrauch im Hoch-

Kurzzeichen für die Normalschliffgrößen

Kurzzeichen für die Normschliffgrößen

der Reihe 0						der Reihe 1				der Reihe 2		der Reihe 3	
neu	alt					neu	alt			neu	alt	neu	alt
nach DIN 12242	nach DIN 12243	nach DIN DENOG 248	nach DIN DENOG 25	nach kleinem Durchmesser	nach Numerierung	nach DIN 12242	nach DIN 12242	nach DIN DENOG 248	nach kleinem Durchmesser	nach DIN 12242	nach DIN 12242	nach DIN 12242	nach DIN 12242
Nov. 1954	März 1945	April 1939	April 1933			Nov. 1954	Juli 1946	April 1939		Nov. 1954	Juli 1946	Nov. 1954	Juli 1946
NS	NS	N	—	NS	Nr	NS|	NS	N	NS	NS	NS	NS	NS
5/20	—	—	3/10	3	000	5/13	5	—	—	5/9	—	—	—
7,5/25	—	—	5/10	5	00	7,5/16	7,5	7,5	—	7,5/11	—	—	—
10/30	—	—	7/10	7	0	10/19	10	10	—	10/13	—	10/10	—
12,5/32	12,5 L	—	—	9	1/2	12,5/21	12,5	12,5	—	12,5/14	—	12,5/12	—
14,5/35	14,5 L	—	11/10	11	1	14,5/23	14,5	14,5	12	14,5/15	—	14,5/12	14,5 W
19/38	19 L	—	15/10	15	2	19/26	19	18,8	—	19/17	—	19/12	19 W
24/40	—	—	20/10	20	3	24/29	24	24	21	24/20	24 W	24/12	—
29/42	29 L	—	25/10	25	4	29/32	29	29,2	26	29/22	29 W	29/12	—
34,5/45	—	—	30/10	30	5	34,5/35	34,5	34,5	—	34,5/24	—	34,5/12	—
45/50	45 L	45	40/10	40	7	45/40	45	—	—	45/27	—	45/12	—
60/55	—	—	—	55	10	60/46	60	—	—	60/31	—	60/12	—
70/60	—	70	—	64	—	70/50	70	—	—	70/33	—	70/12	—
85/70	—	85	—	—	—	85/55	85	—	—	85/37	—	85/12	—
100/80	—	100	—	—	—	100/60	100	—	—	100/40	—	—	—

vakuum zu erleichtern, wurden neben den Schliffen 1:10 auch solche 1:5 (Einstellwinkel 5° 43′) genormt. (DIN 12243 (1944)). Es genügten hierfür die drei größten Schliffe 60, 75 und 90.

Die Bezeichnung der Schliffe erfolgte ursprünglich durch laufende Nummern, mit dem Durchmesser ansteigend. Die Erweiterung der Schliffserie führte jedoch zu unschönen Bezeichnungen wie 00, 0, $^1/_2$. Nach dem Normblatt DIN DENOG 25 (1929/33) wurden die Schliffe nach dem kleinsten Durchmesser mit der Steigung als Index bezeichnet, z. B. 25/10 und 30/5. Das Normblatt DIN DENOG 248 (1939) und DIN E 12241 (1940) schreibt den größten Durchmesser und die Schlifflänge als Nennmaß vor, zum Beispiel 29,2×42. Das Normblatt DIN 12242 (1943) beschränkt sich auf den größten Durchmesser als Nennmaß für die Hauptreihe und den Zusatz des Buchstaben W (Weithals) für die Nebenreihe. Die langen Hochvakuumschliffe sollen den Buchstaben H hinter dem größten Durchmesser als Nennmaß erhalten, die Schliffe mit Kegel 1:5 den Zusatz 1:5.

Je nach der Schlifflänge unterscheidet die Deutsche Normung vier Reihen DIN 12242 (1954). Die International Standards Organisation (ISO) sieht nur drei Reihen vor, da sie auf die Deutsche Reihe 0, die sogenannten vollangen Schliffe, mit Recht verzichtet.

Die Schlifflängen der ISO stehen in einem rationalen Verhältnis zu den Durchmessern. Es entspricht etwa der Formel $h = k \sqrt{d}$, wobei k je nach Schliffreihe 6, 4 oder 2 ist.

In Angleichung an die britischen Normen wurden dem größten Durchmesser als Nennmaß die Schlifflänge als Index zugefügt.

Um dem Hersteller die Möglichkeit zu geben, die glücklicherweise nur geringen Abweichungen der Schlifflänge im Laufe der Zeit auszugleichen, wurden verhältnismäßig große Übergangstoleranzen zugestanden.

Es ist zu wünschen, daß mit dem Normblatt DIN 12242 (Ausgabe November 1954) der herrschenden Verwirrung ein Ende bereitet worden ist.

Wenn wir die Entwicklung des Normschliffes rückblickend überschauen, so erkennen wir, daß die Rationalisierung des chemischen Laboratoriums zu einem Umbruch in der glasverarbeitenden Industrie geführt hat, der mit der zu LIEBIGS Zeiten erfolgten Umstellung auf Laboratoriumsapparate verglichen werden kann.

6. Die Einheitsschliffsysteme

Die ersten Normschliffapparate entwickelten sich aus den seit alters gebräuchlichen Apparaten mit nichtaustauschbaren Schliffen in der Weise, daß der dem dort verwendeten nichtaustauschbaren Schliffe am nächsten liegende Normschliff eingesetzt wurde. War ein passender Normschliff nicht vorhanden, so wurde eine neue Größe eingeschoben. So entstanden viele der 18 Größen der Normschliffreihe. Der Apparat selbst blieb bei alledem unverändert. Die Austauschbarkeit der einzelnen Apparateteile war also nur auf Ersatzteile bestimmter Apparate beschränkt. Das enge Anwendungsgebiet der Apparateteile erschwerte die Einführung des damals noch verhältnismäßig teuren Normschliffes im chemischen Laboratorium.

Um eine allgemeine Austauschbarkeit der Einzelteile zu erreichen, wurden im Jahre 1928 die Laboratoriumsgeräte in Analogie zu den Bachschen Maschinenelementen in einzelne Schliffelemente zergliedert, was zum Teil nur unter erheblichem Umbau durchführbar war.

Voraussetzung für diese Schliffelemente war die Bevorzugung einer Größe der Normschliffreihe als Einheitsschliff. Für diese Auswahl waren die folgenden Gesichtspunkte maßgebend:

1. Der Einheitsschliff muß in der Hütte leicht einzublasen sein.

2. Er muß auch vor der Lampe noch ohne besondere Schwierigkeit aus Rohr gefertigt werden können.

3. Er muß so stabil sein, daß die Apparate möglichst selbsttragend sind, also nur wenig Stativmaterial benötigen.

4. Der Durchlaß des Schliffes muß so weit seit sein, daß der Druckverlust im Apparat auch bei Vakuumarbeiten möglichst gering ist.

Die Wahl fiel auf den Schliff der alten Bezeichnung Nr. 4 (DIN DENOG 25 25/10, DIN DENOG 248 29, 2×42, DIN 12242 NS 29). Im Jahre 1935 wurde der Schliff um 10 mm, im Jahre 1944 um weitere 6 mm verkürzt. Die Umstellung bereitete keine Schwierigkeit, da die Verkürzung vom engsten Ende des Schliffes erfolgte. 1952 wurde der Schliff wieder auf 32 mm verlängert.

Die wichtigste Aufgabe war es nun, den Kolben, als den am meisten beanspruchten Apparateteil, möglichst einheitlich und einfach zu gestalten. Soweit wie irgend möglich wurden alle Einschmelzungen und Ansätze vermieden und in den Aufsatz oder in besondere Zwischenstücke verlegt. Weiterhin wurde die Bauhöhe der gebräuchlichsten Kolben von 100 bis 2000 ml Inhalt einheitlich auf die des 2000 ml Kurzhalsrundkolbens 200 mm festgelegt. Die kleinen Kolben sind demzufolge Langhalskolben. Bei Erlenmeyerkolben wurde die gleiche Bauhöhe der mittleren Größen 500, 750 und 1000 ml durch Veränderung des Kegelwinkels der Körper erreicht (DIN 12393).

Für Apparate, bei denen keine Teile in den Kolben hineinragen, z. B. Extraktionsapparate, wurden Kurzhalsstehkolben ohne einheitliche Bauhöhe vorgesehen.

In das Einheitsschliffsystem wurden außer Kolben: Flaschen, Stopfen, Destillieraufsätze, Destillierkolonnen, Destilliervorlagen, Vorstöße,

Kühler, Waschflaschenaufsätze, Spritzflaschenaufsätze, Tropftrichter, Zwischenstücke und Rühraufsätze eingegliedert. Alle in den Kolben hineinragenden Teile erhielten dem Kolben entsprechend eine einheitliche Länge von 180 mm.

Es war von vornherein klar, daß für besondere Zwecke engere Schliffe nicht entbehrt werden können. So z. B. für Thermometer, für welche der Schliff 12,5 vorgesehen ist. Alle Destillationsthermometer waren auf eine einheitliche Tauchtiefe von 50 mm justiert. Für Fälle, in denen die Empfindlichkeit der Temperaturmessung von geringerer Bedeutung ist, wurde ein Thermometertauchrohr geschaffen. Für andere Fälle, in denen eine Gummiverbindung nicht stört, sind an den Destillieraufsätzen Stutzen für Schlauchverbindungen vorgesehen. In den letzten beiden Fällen sind die gewöhnlichen genormten Thermometer verwendbar.

Weitere Schliffe waren erforderlich zur Verbindung der Extraktionszwischenstücke mit dem Kühler. Es gelang aber, diese Ausnahmen auf ein Mindestmaß zu beschränken.

Es ist erstaunlich, mit welch geringer Anzahl solcher Einheitsschliffelemente der normale Bedarf des chemischen Laboratoriums befriedigt werden kann. Für den Hersteller bringt das Einheitsschliffsystem eine weitgehende Rationalisierung durch Vergrößerung der Serien und Verringerung des Lagerbestandes.

Wenn es auch möglich war, etwa 80% des Bedarfes mit dem Schliff 29 zu decken, so machte sich doch schon 1930 für kleine Substanzmengen eine Kleinapparatur erforderlich. Bei Wahl des Schliffes für diese Kleinapparatur entschied der Versuch. Es wurde festgestellt, bei welcher Verdampfungsgeschwindigkeit unter totalem Rücklauf sich Rohre verschiedener Abmessungen zu verstopfen begannen [9]. Als Prüfflüssigkeit diente Äther. Für lichte Weiten von 8, 10, 12, 15 mm sind die zulässigen Höchstverdampfungsgeschwindigkeiten bei gerade abgeschnittenen Enden 9, 13, 28, 52 g/min, bei schräg (45°) abgeschliffenen Enden 16, 29, 40, 60 g/min. Nach diesem Befund fiel die Wahl auf NS 14,5, der sich seitdem in der Laboratoriumspraxis voll bewährte. Auch bei der Kleinapparatur wurde eine einheitliche Bauhöhe von 100 mm bei Kolben bis 100 ml Inhalt vorgesehen. Eine schematische Verkleinerung der Elemente der Hauptapparatur nach dem Ähnlichkeitsprinzip war nur selten möglich. In den meisten Fällen mußten neue Maße und oft neue Formen festgelegt werden.

Für Arbeiten mit großen Substanzmengen wurde 1935 noch eine Großapparatur mit NS 45 geschaffen. Auf eine gleiche Bauhöhe verschiedener Kolbengrößen wurde hier verzichtet. Die Zahl der Schliffelemente mit NS 45 ist gering, da NS 45 nur an Stellen großen Dampfdurchsatzes benötigt ist. An Stellen mit geringem volumenmäßigen Durchsatz genügt NS 29 vollauf. Deshalb tragen die meisten dieser

Schliffelemente NS 45 und NS 29. Sie sind also als Übergangsstücke von Kern 45 zur Hülse 29 anzusprechen. Wie bei der Verkleinerung der Hauptapparatur zur Kleinapparatur konnte auch bei ihrer Vergrößerung zur Großapparatur das Ähnlichkeitsprinzip nur beschränkte Anwendung finden.

Auf Wunsch einiger Verbraucher und eines verschwindend kleinen Teiles der Hersteller wurde 1944 außer den obigen drei Schliffsystemen noch ein viertes mit NS 19 für 25-, 50- und 100-ml-Kolben und für die kleinste Kühlergröße genormt (DIN 12346, 12352, 12371, 12576, 12581, 12586).

Für die Übergänge von einem Schliffsystem auf ein anderes wurden Übergangsstücke genormt (DIN 12257). Um die Umstellung zu erleichtern, wurden hier bis auf weiteres alle möglichen Kombinationen der Normschliffe zugelassen.

Außerhalb obiger Schliffsysteme bleiben zum größten Teil Reagenzienflaschen (DIN 12455, 12462), Verpackungsflaschen, Meßkolben (DIN 12663, 12666, 12671, 12676), Wägegläser, Hähne und verschiedene Spezialapparate. Bei Hähnen erscheint der Normschliff wegen der Abnutzung der Hahnhülse im Gebrauch überhaupt problematisch, zumindest für hohe Ansprüche auf Passung.

Das Prinzip der Einheitsschliffelemente hat die Arbeit im chemischen Laboratorium so erleichtert, daß ein Arbeiten ohne sie heute kaum noch vorstellbar ist.

Diese Einheitsschliffsysteme, das Dreischliffsystem, wurden teilweise schon vor dem Kriege vom Auslande übernommen und sind damit eine internationale Norm.

Die unbeschritten großen Vorteile des Kugelschliffes machen Übergangsstücke von einer Kugelschliffgröße zur anderen und vom Kegelschliff zum Kugelschliff erforderlich.

7. Prüfung und Behandlung von Normschliffen

Die Maße von Kegelschliffen können in drei Richtungen von dem des idealen Kegels abweichen: im Kegelwinkel, im Querschnitt und in der Mantellinie.

Die Prüfung der Passung von Normschliffen erfolgt am einfachsten in der Weise, daß man den Kern schwach anfeuchtet, lose in die Hülse einsetzt und leicht etwas dreht und wackelt. Hierbei beobachtet man durch die Wand der Hülse hindurch die Luftblasen zwischen den Schliffflächen. An der Bewegung derselben kann man bei einiger Übung auf die Feinheit der Passung schließen. Aus dem Widerstand, den die Schliffe beim Drehen bieten, kann man schließen, ob die Schliffe vom kreisförmigen Querschnitt abweichen. Bei einiger Erfahrung kann man auf diese Weise schnell die Passung der Schliffe in den erstgenannten beiden Richtungen beurteilen. Vergleichbare Zahlenwerte erhält man jedoch nur mittels Winkelkomparator oder Sinuslineal. Wesentlich schwieriger ist es, die Krümmungen der Mantellinien zu erkennen. Hier ist das Wackeln der Schliffe kein zuverlässiges Merkmal. Sind die Mantellinien von Kern und Hülse zueinander konkav, so entstehen in der Mitte Hohlräume. Die Schliffe sitzen dann zwar an den Enden fest ineinander, können also nicht wackeln, sind aber trotzdem nicht dicht. Bei entgegengesetzter Richtung der Krümmung der Mantellinien kann ein Schliff, obwohl er wackelt, ähnlich einem Kugelschliff, dicht sein. Ein langer Schliff bietet daher nur dann die Gewähr für eine bessere Dichtung, wenn die Schliffflächen weder konkav noch konvex sind. Ein kurzer Schliff ist jedoch beim manuellen Schleifverfahren schwer zu führen. Die technische Erfahrung hat auch hier zu einem Kompromiß auf einer Mittellinie geführt. So hat sich bei dem bei weitem häufigsten Schliff 29 eine Schlifflänge zwischen 29 und 32 mm am besten bewährt.

Gegen Stahllehren prüft man die Schliffe in der Weise, daß man mit dünner Farbe Linien längs des Mantels der Kerne zieht, den Kern in die Hülse einsetzt und um 90° dreht. Wenn nach dem Auseinandernehmen der Schliffe die Linien verwischt sind, entspricht die Passung des Schliffes der Lehre. Bei Prüfung der Hülsen zieht man die Linien auf dem Lehrkern und verfährt sonst ebenso. In gleicher Weise prüft man Kugelschliffe gegen Kugellehren.

Als Lehren dienen geprüfte Stahlkerne und Hülsen. Diese Prüfung hat in USA das Bureau of Standards übernommen. Es wäre für eine einheitliche Fertigung sehr erwünscht, wenn auch in Deutschland eine amtliche Stelle diese Prüfung übernehmen könnte, vielleicht in Gemeinschaft mit dem Deutschen Normenausschuß und der Dechema.

Voraussetzung für die Zuverlässigkeit normengerechter Schliffe ist ihre sachgemäße Behandlung. Die Schliffflächen sollen sorgfältig vor Verkratzen geschützt werden. Vor dem Ineinandersetzen sollen sie mit einem sauberen, weichen Tuch abgerieben und von Staub, Sand und Glassplittern gereinigt werden. Dann streicht man am weitesten Ende des Kernes einen etwa 5 mm breiten, hauchdünnen Ring von Schmiermittel auf und dreht die Schliffe unter ganz leichtem Druck ineinander. Die untere Hälfte des Schliffes soll frei von Schmiermittel bleiben. Das letztere ist besonders bei Hochvakuumarbeiten wichtig, weshalb für diese Zwecke Schliffe mit alter Länge beibehalten worden sind.

Um beim Verblasen von Schliffstücken zu Apparaten die Passung zu erhalten, darf man mit der Flamme nicht näher als einen Schliffdurchmesser an den Schliff herangehen.

Für Hochvakuumarbeiten haben sich Hochvakuumfette bewährt, die praktisch keinen Dampfdruck besitzen. Werden die Schliffe nur selten auseinandergenommen, so können sie durch einen leichtschmelzenden Spezialkitt abgedichtet werden.

Die so behandelten Schliffe sind unbegrenzt vakuumdicht. Für die meisten chemischen Zwecke genügt es, die Schliffe ohne jede Schmierung leicht ineinanderzusetzen. Während die gasdichte Passung zuverlässig ist, bereitet oft die Dichtung gegen Flüssigkeiten schon bei geringem Überdruck erhebliche Schwierigkeit, vor allem wenn die Schliffe ineinander oft gedreht werden müssen. Schon Bürettenhähne sind auf die Dauer kaum dicht zu halten. Das Schmiermittel, wenn man solches überhaupt verwenden kann, hat stets das Bestreben, sich zu Klumpen zusammenzuziehen und in die Bohrung des Hahnes zu wandern. Es bilden sich an den Dichtungsflächen Rillen, durch welche die Flüssigkeit kapillar hindurchdringt. Im weiteren Verlauf bilden sich längs des Schliffkegels Rillen, die Flüssigkeit dringt auch hier durch, verdunstet an der Luft und bildet an den Schliffrändern Ausblühungen, wenn die Lösung Salze enthält oder solche mit den Bestandteilen der Luft bildet. Ein Nachschmieren hilft nur kurze Zeit und verfettet allmählich die Bürette, so daß ein exaktes Arbeiten nicht mehr möglich ist. Auch polierte Schliffflächen dichten nur so lange, als sie nicht abgenutzt sind. Das letztere geht aber sehr schnell bei den häufigen Drehungen, denen Bürettenhähne ausgesetzt sind, vor allem, wenn die Ränder der Hahnbohrungen nicht ganz sauber versäumt sind. Für stationäre Büretten mit selbsttätiger Nullpunkteinstellung sind daher diejenigen im Gebrauch am vorteilhaftesten, bei welchen die Hähne nicht unter ständigem Druck der Flüssigkeit stehen und bei welchem die Titrierflüssigkeit zwischen Behälter und Bürette keinen Hahn passiert. Diese Bedingungen werden am besten von der Bürette nach RAMMELSBERG in der von PELLET angegebenen Ausführung erfüllt, weshalb auch deren Normung vorgesehen ist.

Da infolge der Elastizität des Glases beim festen Einspannen der Apparateteile am Schliff eine deutliche Deformation der Schliffffläche zu beobachten ist, sollte man bei Schliffen über 30 mm Durchmesser einen Klemmendruck an diesen Stellen möglichst vermeiden.

Sehr lästig ist das Festsitzen von Schliffverbindungen. Es hat drei verschiedene Ursachen: Verklemmen, Verquellen und Verkitten, die sich meist überlagern.

Ein Verklemmen tritt nur bei Schliffen mit sehr feiner Passung auf. Begünstigt wird es durch geringe relative Schliffflängen, durch zu grobes Korn des Schliffes, durch zu festes Eindrehen der Schliffe und bei höheren Temperaturen durch große Unterschiede im Ausdehnungskoeffizienten der Werkstoffe für Kern und Hülse.

Durch sorgfältiges Bearbeiten ist es möglich, einen genügend feinkörnigen Schliff herzustellen. Es ist jedoch zu beachten, daß auch schraubenförmige Rillen, wie sie beim mechanischen Schleifen leicht entstehen, vermieden werden. Nicht ganz einwandfreie Normschliffe müssen, um zuverlässig zu dichten, so fest ineinander gedreht werden, daß die Elastizität des Glases die Fehler der Schliffe ausgleicht. Ein guter Normschliff dagegen dichtet schon ab, wenn er nur lose eingesetzt wird. Einen Überdruck im Apparat nimmt man besser durch federnde Sicherung als durch festes Ineinanderdrehen auf.

Bei Temperaturen über 180° macht sich die Verschiedenheit der Wärmeausdehnung durch Festsitzen nach dem Erkalten bemerkbar. Wenn Schliffe fest ineinandergedreht waren, kann es sogar vorkommen, daß die Hülse gesprengt wird. Schliffpaare aus Werkstoffen verschiedener Wärmeausdehnung, wie z. B. Kupfer und Glas, oder auch schon Geräteglas und Pyrexglas, sollte man stets nach der Beendigung des Versuches noch heiß etwas lockern. Wegen der geringen Zugfestigkeit des Glases soll man bei Metall-Glas-Verbindungen den Kern aus Glas, die Hülse aus Metall herstellen.

Wesentlich schwieriger liegen die Verhältnisse beim Verquellen der Schliffe. Es hat seine Ursache darin, daß dem chemischen Angriff von Wasser, Alkalilösungen, Phosphorsäure usw. auf Glas stets eine Wasseraufnahme mit Volumenvermehrung vorausgeht. Diese Quellung ist naturgemäß von der Größe der Oberfläche, der Art des Glases, der Natur der angreifenden Flüssigkeit, der Dauer und der Temperatur der Einwirkung abhängig.

Für die Größe der Oberfläche ist in erster Linie das Korn des Schliffes maßgebend. Auch hier sind grobkörnige Schliffe und Schliffe mit Schraubenrillen den feinkörnigen Schliffen gegenüber im Nachteil.

Wenn auch die Angreifbarkeit des Glases durch die verschiedenen Flüssigkeiten so verschieden ist, daß kein Glas allen Ansprüchen gerecht werden kann, so müßten doch Gläser, die nicht mehr genügend lagerbeständig sind, ausgeschaltet werden. Schliffe aus nichtlagerbeständigem Glas verquellen schon beim bloßen Lagern an feuchter Luft. Die Ansprüche höher zu schrauben, ist nur in Spezialfällen erforderlich, denn gerade die gegen Wasser sehr widerstandsfähigen Gläser weisen eine überraschend geringe Alkalibeständigkeit auf.

Ein Verkitten der Schliffe tritt ein, wenn die mit den Schliffen in Berührung kommende Flüssigkeit beim Verdunsten, durch Einwirkung der Bestandteile der Luft oder der hydrolytischen Spaltungsprodukte des Glases feste Stoffe ausscheiden. Auch hier begünstigt ein rauher Schliff und festes Ineinanderdrehen das Festsitzen.

Verklemmte Schliffe lassen sich durch kurzes Erwärmen der Hülse, wenn möglich unter gleichzeitiger Kühlung des Kernes, wieder lösen. Oft genügt schon ein vorsichtiges Klopfen am Stopfen.

Verquollene und verkittete Schliffe lassen sich nur dann durch Erwärmen lösen, wenn die verkittenden Stoffe leicht schmelzbar sind und in der

Hitze Glas nicht angreifen. In den meisten Fällen aber werden sich diese
Schliffe durch Erhitzen nur noch fester ineinanderfressen.

Die Verwendung chemischer Mittel, wie Säuren und BREDEMANNscher
Lösung, oder von Flüssigkeiten hoher Oberflächenaktivität wie Petro-
leum, führt allein nur selten zum Ziel.

Das zuverlässigste Mittel, verquollene und verkittete Schliffe zu lösen, ist die Anwendung eines
stetig wirkenden axialen Zuges (Abb. 12) oder
Druckes (Abb. 13 und 14), wie er durch Keile, durch
Verschraubung oder hydraulisch (Abb. 15) erzeugt
werden kann. Der Sprödigkeit und Zerbrechlichkeit
des Glases entsprechend muß hier natürlich mit der
nötigen Vorsicht zu Werke gegangen werden. Zum
Lösen von Stopfen auf Reagenzienflaschen benutzt
man Zugschrauben, zum Lösen von Hahnküken
Druckverschraubungen. Oft ist es erforderlich, den
Zug oder Druck. stundenlang einwirken zu lassen,
bevor sich die Schliffverbindung plötzlich löst.

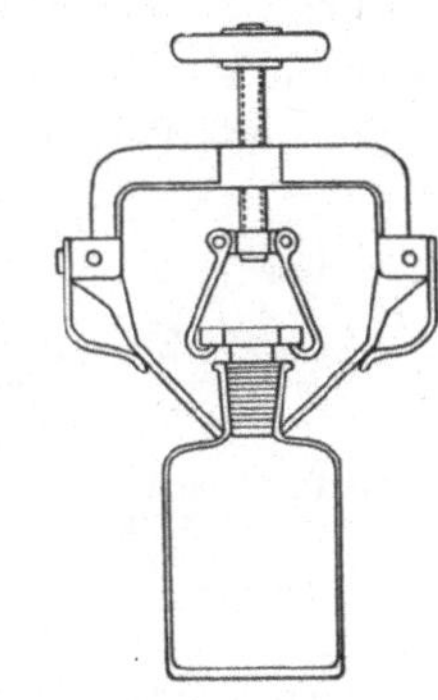

Abb. 12. Zugschraube
zum Öffnen von Rea-
genzienflaschen

Bei komplizierteren Apparaten, bei denen ein
Ansetzen von Verschraubungen oft nicht möglich ist, verwendet man
hydraulischen Druck zum Lösen der Verbindung [10]. Als Druckquelle
kann die Wasserleitung dienen. Mit dieser wird der Apparat, nachdem
er druckfest verschlossen und luftfrei mit Wasser gefüllt ist, durch Druck-
schlauch oder Metall-
kapillare verbunden. Die
Drucksteigerung muß

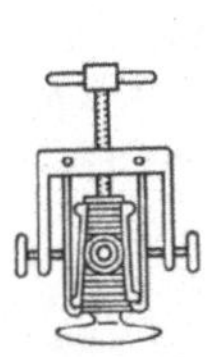

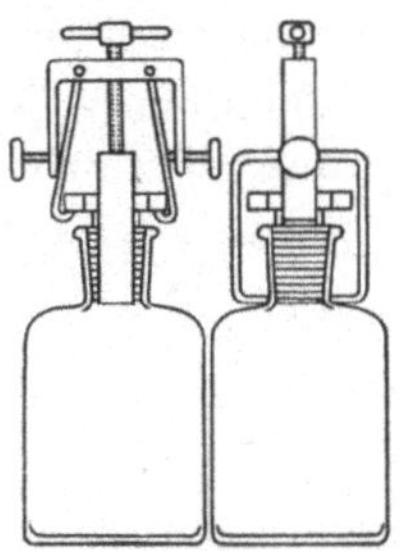

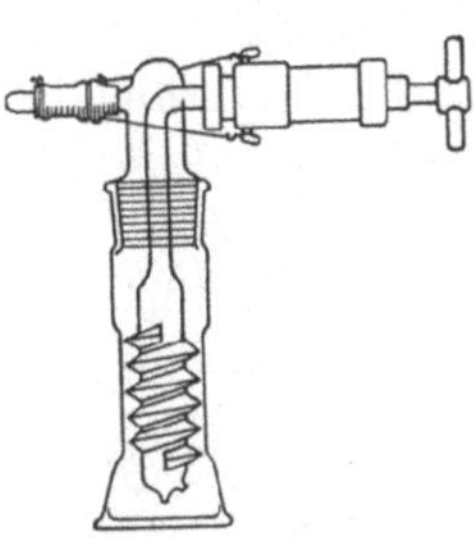

Abb. 13. Druckschraube
zum Lösen von Hahnküken

Abb. 14. Druckschraube mit
Brücke zum Öffnen von
Reagenzienflaschen

Abb. 15. Hydraulische Presse
beim Öffnen einer
Waschflasche

möglichst langsam durch tropfenweises Zulaufenlassen des Wassers aus
der Wasserleitung erfolgen, um dem Wasser Zeit zu geben, zwischen die
Schliffflächen eindringen zu können. Ist der Apparat vollständig luftfrei
mit Wasser gefüllt, so kann auch bei Zerbersten keinerlei Splitterwirkung
auftreten. An Stelle der Wasserleitung kann der Druck auch durch eine
Schraubenpresse erzeugt werden, die mittels Stopfbüchse druckfest angeschlossen wird (Abb. 15). Sie hat den Vorteil, daß man bei ihrer Verwen-

dung an Stelle des Wassers andere Flüssigkeiten wie Glycerin oder Mineralöl verwenden kann. Mit den soeben geschilderten Hilfsmitteln ist es möglich, praktisch alle festsitzenden Schliffverbindungen ohne Bruch zu lösen.

Wenn man bedenkt, daß im Vakuum die Schliffe mit einem ständigen Druck von einem Kilogramm pro Quadratzentimeter ineinandergepreßt werden, so wird es verständlich, daß Schliffe mit einer Verjüngung von 1:10 und Weiten von über 30 mm sich leicht festsetzen. Deshalb sind für diese Zwecke Schliffe mit einer Verjüngung 1:5 mit Weiten 60, 75 und 90 mm genormt. Für noch größere Weiten verwendet man besser an Stelle der Kegelschliffe Planschliffe. Wie sehr der Druck der Luft sich auch bei Gummiverbindung auswirken kann, erkennt man an den Klagen über das Zerspringen der Hälse genormter Filtrierflaschen unter Vakuum. Es wurde deshalb erforderlich, das alte Normblatt abzuändern und die Hälse, die auf Verlangen der Verbraucher zu weit gestaltet waren, wieder auf die früher gebräuchlichen Maße zu verengen.

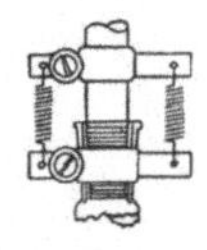

Abb. 16. Sicherung eines Normschliffes durch Schellen und Federn

Um Festsetzen mit Sicherheit zu vermeiden, ist man vor dem Kriege dazu übergegangen, die Schliffflächen mit einer aufgedampften Metallschicht zu überziehen. Je nach Aggressivität der Stoffe waren Silber-, Gold-, Platin- und Rhodiumüberzüge vorgesehen. Für die gleichen Zwecke hatte man schon früher Stopfen und Hahnküken aus Porzellan, Phosphorbronze, Hartgummi oder Kunstharzen hergestellt.

Kugelschliffe haben den Vorteil, daß sie sich nie festsetzen.

Die Sicherung der Schliffverbindungen gegen inneren Überdruck erfolgt durch achsialen Gegendruck. Bei nicht allzu hohen Drucken und senkrecht stehenden Apparateteilen, die selbsttragend ausgebildet sind, genügt das Eigen-

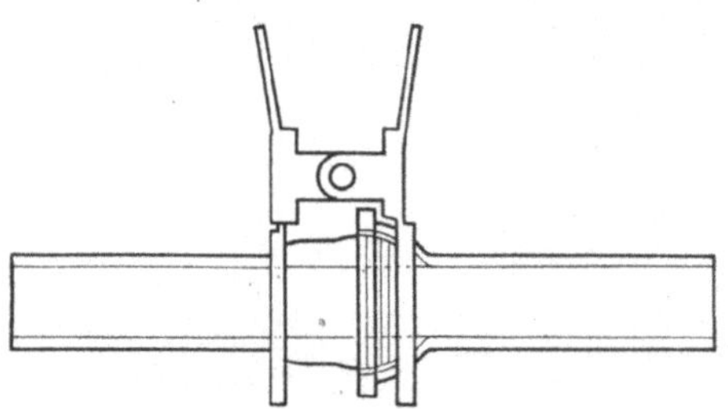

Abb. 17. Sicherung eines Kugelschliffes

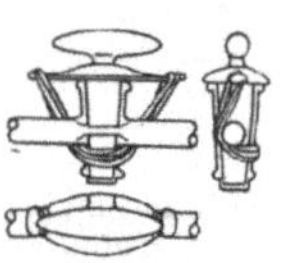

Abb. 18. Sicherung eines Hahnkükens durch Gummibänder

gewicht der Apparateteile. Bei hängenden und waagerecht verbundenen Apparateteilen wird eine Sicherung in Form von Gummibändern oder Spiralfedern verwendet, die an angeschmolzenen Häkchen, an Rohrschellen oder an vorspringenden Apparateteilen befestigt werden (Abb. 16). Die Sicherung von Kugelschliffen erfolgt durch Gabelklammern (Abb. 17).

An Hähnen hat sich eine Sicherung mit Gummibändern (Abb. 18) oder Draht mit eingeschobenen Holzkeilchen gut bewährt. Eine sehr elegante Hahnsicherung bei Vakuumhähnen wird dadurch erreicht, daß am unteren

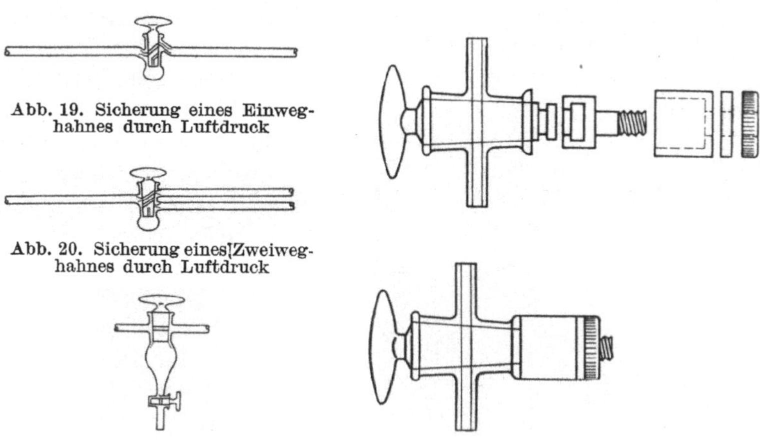

Abb. 19. Sicherung eines Einweg-
hahnes durch Luftdruck

Abb. 20. Sicherung eines Zweiweg-
hahnes durch Luftdruck

Abb. 21. Sicherung eines Einweg-
hahnes durch Luftdruck mit unab-
hängiger Vakuumleitung

Abb. 22. Sicherung eines Hahnkükens
durch Kunststoffarmatur

Ende der Hahnhülse ein evakuierbarer Raum geschaffen wurde, so daß der Luftdruck das Küken in die Hülse preßt (Abb. 19, 20 und 21). Die häufig verwendete und genormte Rille mit Gummiring am unteren Ende des Kükens dient nur dazu, das Herausfallen des Kükens zu verhindern. Eine Sicherung in dem hier dargestellten Sinne ist nur durch besondere Vorrichtungen zu erwarten.

Von den neueren Hahnsicherungen erscheint die in Abb. 22 dargestellte als die zuverlässigste. Der achsiale

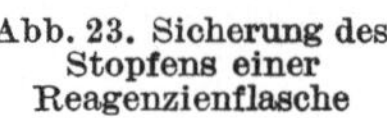
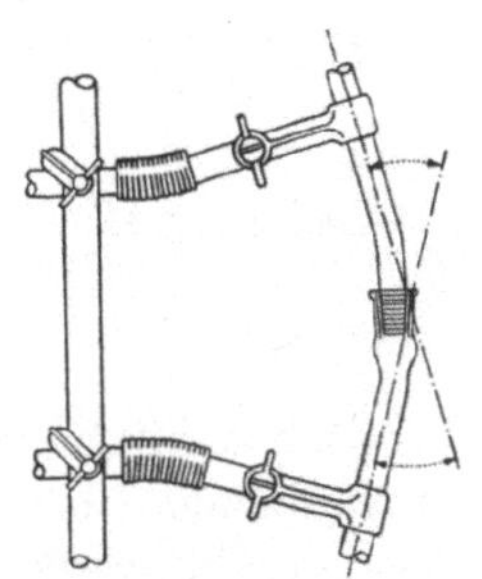

Abb. 23. Sicherung des
Stopfens einer
Reagenzienflasche

Abb. 24.
Elastische Stativklemme

Zug wird durch eine Verschraubung erzeugt, die aus Trolitul besteht, also in der Laboratoriumsluft korrosionsfest ist. An einer Mutter kann der Zug dem Innendruck entsprechend eingestellt werden. Er wird durch einen Weichmipolamring abgepuffert.

Zur Sicherung der Stopfen auf Reagenzienflaschen verwendet man federnde Drahtklemmen (Abb. 23).

3*

An Stelle der Sicherung jedes einzelnen Schliffpaares ist es möglich, ganze Reihen gemeinsam zu sichern, wenn die Schliffachsen annähernd zusammenfallen. Hierfür haben sich die im Handel befindlichen federnden Klemmen (Abb. 24) und axial federnde Stativstäbe (Abb. 25 u. 26) ausgezeichnet bewährt. Sie haben den großen Vorteil, der Gesamtapparatur die Starrheit und damit die Bruchgefahr zu nehmen und das Lösen der Verbindung sowie den Austausch einzelner Schliffelemente, zum Beispiel der Kolben bei Neubeschikkung, wesentlich zu erleichtern. An den federnden Stativstäben lassen sich je nach Bedarf normale Ringe oder Klemmen anbringen.

Eine sehr einfache Sicherung von Gummistopfen kann man sich leicht aus zwei Schraubenquetschhähnen, die man mit Draht seitlich am Hals befestigt, herstellen. Ein U-förmig gebogener Draht (3 bis 4 mm), den man durch die Quetschhähne über den Stopfen durchführt, überträgt den Druck der Quetschhähne auf den Stopfen.

Waschflaschen sichert man gegen höheren Gasdruck am einfachsten auf folgende Weise. Man stellt sie auf ein Brett,

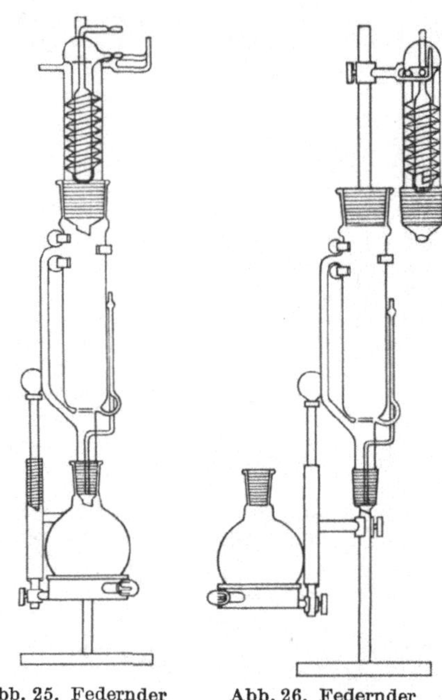

Abb. 25. Federnder Stativstab mit Extraktionsapparat und Heizplatte, geschlossen

Abb. 26. Federnder Stativstab mit Extraktionsapparat und Heizplatte, geöffnet

das seitlich mit Haken versehen ist. Zwischen diese Haken spannt man Gummibänder über die Waschflaschenstopfen. Auf diese Weise lassen sich ganze Batterien von Waschflaschen gemeinsam auf einem Brett montieren.

8. Allgemeine Richtlinien für die Glasbearbeitung

Die Verformung des Glases erfolgt zum weitaus größten Teil im plastischen Zustande, also in der Hitze. Die Kaltverformung durch Schleifen, Polieren, Bohren, Schneiden und Ätzen ist zwar für viele Zweige der Glasindustrie außerordentlich wichtig, jedoch für die Glasbearbeitung, im ganzen gesehen, nicht so charakteristisch wie die Heißverformung. Für die letztere steht nur ein schmaler Temperaturbereich zur Verfügung. Ist die Temperatur des Glases zu niedrig, so wird das Glas so zäh, daß es die Form nicht genau ausfüllt oder gar Risse bekommt (sog. Schrenkrisse); ist die Temperatur zu hoch, wird es so dünnflüssig, daß es abtropft. Die richtige Temperatur rechtzeitig zu erkennen und zur Verformung auszunützen, ist die wichtigste Fertigkeit, die vom Glasmacher oder Glasbläser verlangt werden muß.

Das flüssige Glas hat, wie alle Flüssigkeiten, das Bestreben der Schwerkraft entsprechend nach der tiefsten Stelle abzufließen. Deshalb ist es erforderlich, die Pfeife oder das Glasrohr stetig der Viskosität des Glases entsprechend um die horizontale Achse zu drehen. Dieses Fließen des Glases benutzt man auch, um das Glas seiner künftigen Form entsprechend zu verteilen, indem der Glasmacher die Pfeife unter ständigem Drehen bis zur Senkrechten neigt und das Fließen des Glases noch durch Schleudern der Pfeife oder schnelles Rollen am Stuhl unterstützt. Für Kochgeräte sehr schädliche Ansammlung der Glasmasse am Boden (sog. Eisböden) vermeidet der Glasmacher, indem er die Pfeife beim Vorblasen senkrecht nach oben richtet — eine für den Glasmacher charakteristische Haltung.

Die große Oberflächenspannung des zähflüssigen Glases hat das Bestreben, die Oberfläche möglichst zu verringern, also der Kugel anzunähern. Bei axialem Zug nimmt das Glas Zylinderform an: es bilden sich Glasfäden mit kreisförmigem Querschnitt. Beim Aufblasen bildet sich, ähnlich einer Seifenblase, eine Hohlkugel, das Kölbel. Bei axialer Beanspruchung dieser Hohlkugel, also beim Ziehen, bildet sich ein Hohlzylinder, das Rohr. Vor der Lampe äußert sich die Oberflächenspannung durch ein Schrumpfen des zähflüssigen Glases, dem man durch Ziehen, Blasen oder Auftreiben entgegenwirken muß.

Eine besondere Art der Heißverformung ist die Herstellung von KPG-Röhren (KÜPPERS-Präzisions-Glasröhren), die heiß über einen Stahldorn gedrückt werden. Sie werden verwendet, wenn hohe Maßhaltigkeit über die ganze Länge erforderlich ist. Sie können in den verschiedensten Querschnitten, z. B. auch quadratisch und konisch hergestellt werden. Das Verfahren ermöglicht natürlich nur, die inneren Glasflächen mit der hohen Genauigkeit zu bearbeiten, für die äußeren Flächen bleibt nach wie vor der Schliff.

Die geringe Wärmeleitfähigkeit des Glases verzögert den Wärmeaustausch, so daß dickwandige Teile länger plastisch bleiben als dünnwandige. Beim Aufblasen einer Hohlkugel, z. B. eines Rundkolbens, erstarrt der dünnwandige Teil schneller, als der dickwandige. Ungleiche Wanddicke führt also bei freihändigem Aufblasen zu Abweichungen von der Kugelform, aber zum Ausgleich der verschiedenen Wanddicken. Das ist die Ursache, weshalb freihändig geblasene Rundkolben thermisch widerstandsfähiger sind als in Formen geblasene, da in der Form der Glaskörper zwangsläufig zu einer Kugel erstarren muß, ein Ausgleich der Wanddicken nicht stattfinden kann. Der Hals des Rundkolbens wurde in freihändiger Arbeit durch Schleudern der Pfeife zuerst hergestellt und nachträglich das geschlossene dickwandige Ende nach Wiedererwärmen im Ofen zur Kugel aufgeblasen, wobei die gleichmäßige Verteilung des Glases durch Aufblasen mit nach oben gerichteter Pfeife unterstützt wird. Bei der freihändigen Arbeit war es natürlich schwierig, genaue Halsdurchmesser einzuhalten, von besonders ausgebildeten Schliffbetten ganz zu schweigen. Es wird daraus auch die Schwierigkeit verständlich, in welche die amerikanische Glasindustrie kam, als im Jahre 1914 die Einfuhr aus Deutschland ausfiel, da sie nicht über eine genügende Anzahl geschickter Glasmacher verfügte. Man fand sich damals damit ab, Kolben mit ungleichmäßiger Wanddicke zu verwenden. Eine genügende Wärmestoßfestigkeit beim Erhitzen derselben im Laboratorium erreichte man dadurch, daß man ein Glas von sehr niedrigem Ausdehnungskoeffizienten, das bis dahin für Glasglühlichtzylinder verwendet wurde und durch Rückgang der Gasbeleuchtung freigeworden war, das Pyrexglas, einsetzte.

Eine für die Verarbeitung störende Eigenschaft des Glases ist, daß es an Metallflächen haftet. Man hat deshalb in früheren Zeiten die Berührung von Glas mit Metall nach Möglichkeit vermieden und es nur mit feuchtem Holz oder Holzkohle in Berührung gebracht. Es bildet sich zwischen Glas und Holz eine Dampfschicht, die dem Glas eine glatte Oberfläche verleiht. Allerdings muß man mit einem allmählichen Ausbrennen der Formen und Werkzeuge rechnen, wodurch die Maßhaltigkeit erheblich leidet. Trotz ihrer geringen Lebensdauer finden heute noch Holzformen ausgedehnte Verwendung. Man verwendet Birnbaum- oder Buchenholz für diese Formen. Für kleine Formen hat sich in letzter Zeit auch Graphit bewährt. Mit der Umstellung der Glasindustrie auf Massenfertigung und mit den erhöhten Ansprüchen an Maßhaltigkeit fanden Eisenformen trotz ihres hohen Preises immer mehr Eingang. Die mit dem Glas in Berührung kommende Oberfläche wird mit Graphit oder Holzkohlenpulver und Öl oder Wachs überzogen und die Form selbst auf eine bestimmte Temperatur vorgewärmt. Trotz aller Bemühungen ist es nicht gelungen, in Formen optisch ebene Flächen zu erzielen, die Schliff und Politur ersparen.

Das ohne bestimmten Schmelzpunkt allmählich erstarrende Glas zieht sich im dickflüssigen Zustande, im sog. Transformationsbereich, sehr stark zusammen, wodurch ebenfalls Ungleichmäßigkeiten der Oberfläche und Spannungen im Inneren entstehen. Diese Spannungen würden an dickwandigen Glaskörpern zu Bruch führen, wenn man sie nicht durch

langsames Abtempern über die gefährliche Zone des Transformations-
bereiches, das sogenannte „Kühlen" des Glases, bis auf unvermeidliche
Restspannungen beseitigte. Die Kühltemperatur liegt bei Apparate-
gläsern zwischen 475° und 550°.

Das Glas ist an den Stellen mit Druckspannung mechanisch sehr widerstandsfähig. Man benutzt daher solche durch einen genau geleiteten
Abschreckvorgang gespannte Gläser als Sekuritglas für Scheiben an
Kraftfahrzeugen. Wenn solche Gläser springen, so zerfallen sie wie die
seit alters bekannten BATAVISchen Tränen und BOLOGNESER Fläschchen
zu feinem Glaspulver, das nicht so gefährliche Splitterverletzungen, wie
die dolchartigen Scherben aus entspannten Gläsern verursachen kann.·
Diese mit Spannungen behafteten Oberflächen sind gegen Kerbwirkung
außerordentlich empfindlich. Diese letztere Eigenschaft benutzt man
zum Abschneiden und Absprengen von Glasröhren und anderen zylindrischen Körpern. Man ritzt das Glas an der Trennstelle mit einem
Glasmesser, einer Feile, einem Diamant oder einem Schneidrad und erzeugt dann eine Zugspannung durch Ziehen zwischen beiden Händen unter ganz geringem Durchbiegen, durch einen glühenden Draht oder
Glasfaden oder durch eine oder mehrere scharfe Gasbläseflammen. Ob
das von Glasbläsern oft gebrauchte Befeuchten der Kerbe einen Sinn hat,
erscheint fraglich. Vielleicht übt jedoch die Kapillarwirkung der Flüssigkeit eine gewisse Sprengwirkung in den feinen Verästelungen der Kerbe
aus. Oft springt das Glas erst, nachdem man den erhitzten Ring kurz
mit der Hand oder einem kalten Metall berührt oder nochmals anreißt.
In vielen Fällen genügt auch schon ein bloßes Anblasen. Sehr dickwandige Röhren springen am besten, wenn man ihre Innenseite mit dem Dia-
manten senkrecht zur Achse kerbt. Glasröhren sind überhaupt gegen
Verkratzen ihrer Innenseite sehr empfindlich. Solche verkratzte Röhren
springen unweigerlich in der Flamme und werden dadurch unbrauchbar.
Deshalb hüte man sich, Sand oder Glassplitter in das Innere von Röhren gelangen zu lassen. Auch beim Reinigen verwende man niemals
Metallstäbe, sondern nur solche aus Holz. Muß man heißes Glas mit
Metallwerkzeugen in Berührung bringen, so verwende man möglichst
solche aus Metallen, die weicher als Glas sind, z. B. Messing, und auch
dieses überziehe man vorher mit einer Wachsschicht.

Zum Reinigen des Glases verwendet man meist warmes Wasser. Nur
bei Reparaturen kann es erforderlich sein, andere Lösungsmittel zu be-
nutzen. Bei dieser Gelegenheit sei die Bitte ausgesprochen, daß der
Chemiker reparaturbedürftige Glasgeräte nur in gereinigtem Zustande
an die Glasbläserei einschicken möge. Das Reinigen von unbekannten
Substanzen verteuert die Reparatur und gefährdet den Glasbläser. Es
sind dabei schon erhebliche Schädigungen durch Explosionen und Ver-
giftungen vorgekommen.

Die Licht- und Wärmeausstrahlung des erweichten Glases ist je nach Glaszusammensetzung und Glasfarbe verschieden. Deshalb muß sich der Glasmacher erst auf jede neue Glasart einstellen. Farbige Gläser bezeichnet der Glasmacher mit härter als farblose gleicher Zusammensetzung, weil sie infolge stärkerer Wärmestrahlung schneller erkalten.

Für die Weiterverarbeitung des Glases zu chemischen Apparaten ist es von größter Wichtigkeit, daß für das Zusammenschmelzen der Apparateteile nur solche Glassorten in Frage kommen, die hinsichtlich Ausdehnungskoeffizient und Viskosität übereinstimmen.

Zur laufenden Kontrolle des Ausdehnungskoeffizienten in der Glashütte stellt man Versuchskörper durch Zusammenschmelzen mit einem Standardglas her und mißt in einem mit Kompensator versehenen Polarisationsmikroskop den Gangunterschied der optischen Strahlen an der Nahtstelle, der in einfacher Beziehung zur Differenz der Ausdehnungskoeffizienten steht. Absolute Messungen des Ausdehnungskoeffizienten werden mit Hilfe von Dilatometern vorgenommen. Aus der Dilatometerkurve ergeben sich auch Transformations- und Erweichungstemperatur, zwei weitere für die Glasverarbeitung wichtige Glaskonstanten.

Zur Überwachung der Kontinuität der Glasschmelzen eignet sich auch die Kontrolle des spezifischen Gewichtes, das sich nach dem Schwebeverfahren mit großer Genauigkeit bestimmen läßt. Selbst geringe Unterschiede in der Homogenität wirken sich in der Glasdichte aus.

In der Glasbläserei pflegt man Proben der zu verarbeitenden Röhren versuchsweise miteinander zu verschmelzen und etwas auszuziehen oder aufzublasen. Am Aussehen der Naht ist leicht zu erkennen, ob Viskositätsunterschiede vorliegen oder die Gläser miteinander haltbar verschmolzen werden können. Eine sehr empfindliche Probe ist es auch, einen Teller an das eine Rohr zu treiben und in das zweite einzuschmelzen. Gläser, welche diese Probe aushalten und auch nach Tagen nicht gesprungen sind, können unbeschadet untereinander verarbeitet werden, besonders wenn sich die Naht nach dem Kühlen im Spannungsprüfer als spannungsfrei zeigt.

Steht wenig Glassubstanz zur Verfügung — es genügt ein Splitter — so schmilzt man diesen an einen Glasstab an und drückt ihn mit der Quetschzange breit. Das Vergleichsglas wird in der gleichen Weise vorbereitet. Dann erhitzt man beide Glasproben im Gebläse bis zum Erweichen, drückt sie seitlich aneinander und zieht die Überlappungsstelle bis zu einem etwa 1 mm dicken Streifen aus. Beim Erkalten wird sich das bifilare Stück nach der Seite des Glases mit der größten Kontraktion krümmen; es liegt also das Glas mit dem größten Ausdehnungskoeffizient auf der Innenseite des Bogens.

Diese von FERD. FRIEDRICHS gefundene Bifilar-Methode ist zuverlässig und gestattet Ausdehnungskoeffizienten auch annähernd zahlenmäßig zu bestimmen, wenn der Ausdehnungskoeffizient des Vergleichsglases bekannt ist und die Viscositätsunterschiede nicht zu groß sind. Die Krümmung dieses aus zwei Glasarten zusammengesetzten Fadens hat technisch für die Kräuselung der Glasfaser zum sogenannten Feenhaar Verwendung gefunden.

Bei all den geschilderten Schwierigkeiten wird es verständlich, daß Röhren und andere Glaskörper nie so maßhaltig sein können, wie man es z. B. bei Metallen gewohnt ist. Die Weiterverarbeitung wird naturgemäß hierdurch sehr erschwert.

II. Spezielle Technologie der Fertigung von Laboratoriumsgeräten

1. Die Entwicklung der glastechnischen Berufe

Die Kunst, Gefäße aus Ton herzustellen, wurde in der mittleren Steinzeit etwa 6000 v. Chr. bekannt. Vor 6000 Jahren sind in Ägypten gebrannte Ziegel zu Bauten benutzt worden. Glasierte Ziegel wurden schon im alten Babylon zu Prunkbauten verwendet, wie das im Berliner alten Museum aufgestellte herrliche Ischtartor zeigt. Diese Ziegel tragen blaue Glasur und waren mit Figuren und Ornamenten geschmückt. Glasierte Tonperlen sind aber sicher weit älter.

Die Formen der alten Tongefäße waren der Kugel möglichst angenähert, da solche Gefäße beim Brennen weniger leicht reißen. Ebene Flächen wurden möglichst vermeiden.

Der Schritt von der Glasur zum Glas war nun nicht mehr weit.

Die ersten Glasgefäße, die kosmetischen Zwecken dienten, waren glasierte Tonkörper, bei denen man den porösen Ton nach dem Erkalten entfernt hatte, so daß die Glasur als Glasgefäß übrig blieb. Größere Schalen wurden hergestellt, indem man das erweichte Glas in heiße Tonformen einstrich oder in diesen sinterte. Die rauhe Oberfläche wurde durch Schliff und Politur geglättet. Da man damals noch nicht genügend hohe Temperaturen erzeugen konnte und die Reinigung der Rohstoffe noch nicht verstand, mußte man sich mit wiederholtem Fritten und Mahlen des Schmelzgutes behelfen. Das damalige Arbeitsverfahren war also eine Weiterentwicklung der Keramik. Eine wirkliche Klarschmelze lernte man erst in späteren Jahrtausenden.

Erst mit der Erfindung der Glasmacherpfeife und des dadurch ermöglichten Einblasens in Formen beschritt der Glasmacher eigene Wege. Angelegte Henkel an Vasen und Krügen zeugen von einer frühen freihändigen Arbeit. Die größten Kunstfertigkeiten erreichte der Glasmacher jedoch in Venedig. Die Trinkgefäße, die Faden-, Filigran- und Millefiorigläser Venedigs sind nie überboten worden. Diese Arbeiten waren nur möglich, wenn nicht nur eine einwandfreie Klarschmelze nach vorhergehender Frittung, sondern auch eine einwandfreie Kühlung erreicht wurde. Die Leistungen der deutschen Glasmacher errangen erst nach dem Verfall Venedigs durch Verlust des Indienhandels eine vergleichbare Höhe. Dann wurde das Glas allmählich allgemeiner

Gebrauchsgegenstand und damit Massenprodukt. Die freihändige Arbeit erreichte erst in neuer Zeit mit der Entwicklung der Chemie eine neue Blüte. Ein großer Teil der heutigen Apparate ist ohne die Kunstfertigkeit des Apparateglasmachers nicht denkbar.

Rückblickend erscheint uns der Weg zur Glasmacherpfeife perspektivisch verkürzt. Man muß jedoch bedenken, daß es drei Jahrtausende benötigte, ihn zurückzulegen. Also tausend Jahre mehr, als von der Glasmacherpfeife zur Owensmaschine. Allerdings stellt die Glasmacherpfeife eine der wenigen wirklich schöpferischen Erfindungen dar, die nur mit der des Rades verglichen werden kann, während die Owensmaschine an sich nichts als eine mechanisierte Glasmacherpfeife ist.

Die Glasmacher arbeiteten in der ersten Zeit an dem kleinen mit Holz gefeuerten Schmelzofen, in dem er verschieden gefärbte Gläser in kleinen Tiegeln flüssig stehen hatte. Mit einem Metallstab entnahm der Gehilfe, der Vorgänger des Kölbelmachers, dem Ofen etwas Glas, das der Meister, der spätere Fertigmacher, auf einen zweiten, konisch zugespitzten, mit Tonschlick überzogenen Metallstab zum Ring aufwickelte. In gleicher Weise wurden die farbigen Verzierungen aufgelegt. Dann wurde der Ring, die fertige Perle, abgestreift. Um nun nicht immer das Glas geschmolzen bereithalten zu müssen, was zweifellos durch Entglasung Schwierigkeiten bereitete, legte man sich einen Vorrat von verschieden gefärbten Gläsern in Form von Stangen und Fäden an, wie es heute noch die Gablonzer Industrie übt. So entstand der erste Stangenzieher, aus dem sich nach Erfindung der Glasmacherpfeife der Glasröhrenzieher entwickelte. Die Werkbank des Glasmachers gleicht einem Stuhl mit zwei Armlehnen, auf denen die Pfeife hin und her gerollt wird. Für einfachere Geräte läßt der Glasmacher die Pfeife in einer Gabel laufen und versetzt die Pfeife durch Rollen zwischen Hand und Oberschenkel in Umdrehung. Die Zusammenarbeit eines Meisters mit einem oder mehreren Gehilfen, die nach der Werkbank benannte Stuhlarbeit, ist also schon sehr alt.

Zum Wiedererwärmen der Glasstangen entstanden die kleinen Nebenöfen, ähnlich den alten Schmiedefeuern, wie sie heute noch in den Gablonzer Werkstellen zum Pressen von Perlen, Rückstrahlern usw. gebräuchlich sind. Für höher schmelzende Gläser wurden diese Nebenöfen mit einer Rekuperation versehen und mit Gas oder Öl beheizt. So entstanden die heutigen Auftreibtrommelöfen. Diese wurden später durch lötrohrähnliche mit Rüböl beheizte Gebläselampen ersetzt. Die Entwicklung der Gebläselampe ging dann über Luftgas, Leuchtgas, Propan, Azethylen unter Verwendung von Preßluft und Sauerstoff weiter. Im Laufe des letzten Jahrhunderts spezialisierte sich der Glasbläser auf Kunstartikel, Laboratoriumsgeräte, Thermometer, Fieberthermometer, Aräometer, medizinische Spritzen, chirurgische Glaswaren, Verpackungsgläser, Christbaumschmuck, Tieraugen, Menschenaugen, Isolierflaschen, Glühlampen, Röntgenröhren, Gleichrichter und so fort.

Glasschleifer und Glasgraveur entwickelten sich aus dem Edelsteinschneider, der die wundervollen Gemmen des Altertums zu schneiden verstand. Sie erreichten in spätrömischer Zeit ihre erste Blüte. Zeugen ihrer Fertigkeit sind die Netzbecher und die Portlandvase. Dann verfiel die Kunst, um erst wieder im 17. und 18. Jahrhundert in Böhmen und Schlesien eine neue erstaunliche Blüte zu treiben, die nach der Umsiedlung in jüngster Zeit im Westen neuen Auftrieb erhalten hat. Ein Teil der Hohlglasschleifer beschränkte sich darauf, Stopfen in Apothekerflaschen einzuschleifen, ein anderer spezialisierte sich auf die Bearbeitung hochwertiger Glasapparate, und als weitere Gruppe schied sich der Spritzenschleifer ab, der die Zylinderschliffe für medizinische Spritzen herstellt. Die künstlerische Gestaltung der Glasoberfläche blieb dem Hohlglasfeinschleifer und dem Glasgraveur.

Mit der zunehmenden Bedeutung graduierter Geräte entwickelte sich die auf dem Ätzverfahren aufbauende Glasschreiberei. Die hohen Anforderungen, die von den exakten Wissenschaftlern an die Meßgeräte gestellt werden, schafften als neuen Beruf den Glasapparatejustierer.

Aus dem Porzellanmaler entwickelte sich der Glasmaler, der Emailfarben auf Glas einzubrennen versteht. Für das chemische Laboratorium hat er nur als Schriftmaler für Reagenzienflaschen Bedeutung gewonnen.

Für die Ausbildung in den Berufen der glasverarbeitenden Industrie [*11*] müssen folgende Gruppen unterschieden werden:

1. Der Glasinstrumentemacher als Handwerker bearbeitet in größeren Industriebetrieben und Instituten Neukonstruktionen und Reparaturen. Seine Ausbildung, meist auf Fachschulen, muß sich über alle Fachberufe erstrecken. Sie kann deshalb auch nicht sehr tief sein. Die Wirtschaftlichkeit der Fertigung ist von untergeordneter Bedeutung.

2. Der Facharbeiter bedarf einer schmaleren aber tieferen Ausbildung, die vor allem auf Wirtschaftlichkeit eingestellt werden muß. Sie erfolgt in erster Linie im Betrieb.

3. Der angelernte Glasarbeiter erhält eine noch schmalere Ausbildungsgrundlage. Wirtschaftlich kann er die beiden ersten Gruppen übertreffen. In den meisten Fällen wird er mit Maschinenhilfe arbeiten.

Die Entwicklung der glasverarbeitenden Industrie steuert unter Verwendung von Maschinen mehr und mehr in Richtung einer Spezialisierung. Voraussetzung ist allerdings die Normung und vor allem die Typenbeschränkung. Diese Verschiebung zum Anlernberuf wird durch den Mangel an wirklich hochwertigen Facharbeitern, und der Pflicht, arbeitslose Flüchtlinge umzuschulen, beschleunigt. Es ist klar, daß dieser Verlagerungsprozeß sich nicht von heute auf morgen vollziehen kann.

Hochwertige Facharbeiter mit tiefer Ausbildung werden auch in Zukunft stets gesucht bleiben.

Im allgemeinen ist die Ausbildung mit der Gesellenprüfung abgeschlossen. Eine Meisterprüfung gibt es nur im Handwerk. In der Industrie erlangt jeder Geselle nach zehnjähriger Bewährung Meistereigenschaft, das ist vor allem das Recht Lehrlinge auszubilden.

Diese Meister dürfen nicht mit Werkmeistern verwechselt werden. Bei diesen entscheidet in erster Linie die Fähigkeit der Menschenführung. Die Stellung eines Werkmeisters kann daher nicht von Prüfungen abhängig gemacht werden. Das Zusammenfallen dieser charakterlichen und fachlichen Fähigkeiten ist leider nur in seltenen Fällen gegeben.

Die Ausbildung in der Heimindustrie unterstand früher der Innung. Die Berufsbildungspläne sind vom Deutschen Ausschuß für technisches Schulwesen (Datsch) ausgearbeitet worden. Heute führt die Arbeitsgemeinschaft Ausbildung und Fortbildung (AGAF) diese Arbeiten weiter.

2. Der Apparateglasmacher und seine Helfer

Wenn auch die Arbeit des Glasmachers, wie er seit Jahrhunderten nicht ganz mit Recht genannt wird, erst beginnt, wenn das Glas verarbeitungsfähig im Ofen steht, also schon „gemacht" ist, so ist doch seine Tätigkeit von der seiner Helfer nicht zu trennen. Letztere ermöglicht erst seine eigentliche Arbeit, die Formgebung. Aus diesen rein chronologischen Gründen seien die Arbeiten dieser Helfer vorangestellt.

Da ist zunächst die Arbeit des Gemengemachers (Hilfsschmelzers), der die ihm von der technischen Leitung des Betriebes vorgeschriebenen Rohstoffe gewissenhaft abwägt und mischt. Dabei ist besonders zu beachten, daß die Rohmaterialien trocken gelagert und der Sand gut getrocknet ist. Schwankender Wassergehalt kann die Zusammensetzung und Eigenschaften des Glases so stark verändern, daß es für die Weiterverarbeitung vor der Lampe unbrauchbar ist. Das Abwägen erfolgt durch Gemengewaagen, die — im Gegensatz zu den Gemengeanlagen der Großindustrie — in den chemisch-technischen Hütten nicht automatisch arbeiten. Das Mischen geschieht heute ausschließlich durch Maschinen.

Das zum Schmelzen erforderliche Gas wird, wenn kein billiges Kokereigas oder Öl zur Verfügung steht, in Drehrostgeneratoren erzeugt, die bei richtiger Führung ein sehr gleichmäßig zusammengesetztes Gas liefern. Das Gas soll mit sichtbarer, leuchtender, aber nicht rußender Flamme brennen. Ein zu hoher Wasserstoffgehalt macht die Flamme unsichtbar, kurz und heiß. Sie sticht, wie der Glasmacher sagt, und greift die Hafenränder stark an. Auf die Vor- und Nachteile der einzelnen Schmelzofenarten einzugehen, ob Hafen- oder Wannenofen, ob Regenerativ- oder Rekuperativfeuerung, würde den gesetzten Rahmen überschreiten. Es muß hierfür auf Spezialwerke verwiesen werden. Obwohl der Wannenofen wirtschaftlicher arbeitet und für hochwiderstandsfähige Gläser überhaupt unumgänglich ist, herrscht in chemisch-technischen Hütten der Hafenofen noch vor, da in ihm eine Umstellung auf andere Glassorten leicht möglich ist. Bei der Einstellung der Auftreibtrommel, die der Glasmacher selbst bedient, muß er beachten, daß das stark schwefelhaltige Gas mitteldeutscher Braunkohlen bei oxydierender Flamme zur Bildung von Glasgalle neigt, die — auf die Glasoberfläche eingebrannt — nur durch Polieren zu entfernen ist. Er vermeidet solche Beschläge, indem er die Auftreibtrommel leicht reduzierend einstellt. Die Kühlöfen sind meist Kanalkühlöfen mit durchlaufendem Drahtband. Kammerkühlöfen sind nur noch vereinzelt für Sonderzwecke, z. B. für Dimensionen, die im Kanalofen keinen Platz finden, gebräuchlich.

Die Läuterung wird durch bestimmte Zusätze, welche bei höheren Temperaturen verdampfen oder Gase entwickeln, erheblich beschleunigt. Vor allem wird die Bildung von Gasbläschen (Gispen), welche nur langsam emporsteigen, vermieden. Ob diese Läuterungsmittel, auch durch Verringerung der Oberflächenspannung der Schmelze, ähnlich den bekannten Netzmitteln, wirken, ist noch nicht einwandfrei erwiesen.

Nachdem der Glasmacher seine Arbeit beendet hat, also die Häfen leer sind, wird der Schmelzofen von Arbeitstemperatur (1000 bis 1200°) auf Schmelztemperatur (1400 bis 1450°) hochgeheizt, dann werden Scherben bis zu einem bestimmten Niveau eingelegt und nach Niederschmelzen derselben das Gemenge in Portionen eingebracht. Ist die Glasbildung erfolgt, so steigt die Temperatur im anschließenden Läuterungsprozeß sehr schnell an, muß daher mit dem Pyrometer laufend kontrolliert und reguliert werden, damit kein Hafenbruch eintritt. Nach Läuterung der Schmelze wird der Hafeninhalt mittels eines Stückes feuchten Holzes umgerührt (das sogenannte Bülwern oder Blasen). Dann legt der Schmelzer die Häfen mit Scherben voll und läßt den Ofen auf Arbeitstemperatur abkühlen. Schließlich werden die sich an der Oberfläche ansammelnden Verunreinigungen abgeschöpft, das Glas wird abgefemt. In Anbetracht der großen Verantwortung ist der Schmelzer eines der wichtigsten Organe der Hütte.

In früheren Zeiten, als das Glasschmelzen noch eine Geheimkunst war, hatte man die Schmelzzeiten nicht so genau wie heute in der Gewalt. Das Glas wurde verarbeitet, wenn es fertig war. Dann holten die Lehrlinge (Einträger), die in der Hütte schliefen, die Meister und Gehilfen herbei, was oft bei Nacht geschehen mußte.

Besondere Sorgfalt ist der Lagerung der Schmelzhäfen zuzuwenden, denn von ihrer Lebensdauer hängt die Wirtschaftlichkeit in hohem Maße ab. Aus richtigen Rohstoffen sorgfältig hergestellte und getrocknete

Häfen sollen etwa 12 Wochen stehen, dann müssen sie gegen neue ausgetauscht werden. Dies geschieht in rotglühendem Zustande, nachdem die neuen Häfen langsam auf diese Temperatur in besonderen Temperöfen aufgeheizt sind. Die kritische Temperatur beim Auftempern liegt bei etwa 600°, der Umwandlungstemperatur des Kaolin. Ist diese Temperatur überschritten, kann das Tempo des Auftemperns beschleunigt werden. Während des Hafenwechsels werden etwaige kleine Reparaturen am Ofen vorgenommen. Der Hafenmacher hat auch für die Aufbereitung von Schamotteabfällen der Hütte, durch die Entfernung von Glasresten und zur Zerkleinerung im Kollergang zu sorgen. Er muß diesen gebrannten Ton mit ungebranntem im richtigen Verhältnis mischen und einsumpfen.

Ein sehr wichtiger Hilfsberuf ist der Formenmacher. Je nach dem Werkstoff der Formen unterscheidet man Metall- und Holzformenmacher. Der Metallformenmacher arbeitet im wesentlichen wie der Dreher der Metallindustrie. Der Holzformenmacher ist als Facharbeiterberuf anerkannt, da er umfassende Kenntnisse sowohl der Holzbearbeitung als auch des Einblasens des Glases besitzen muß. Um eine verständnisvolle Zusammenarbeit mit dem Glasmacher zu gewährleisten, hat das Berufsbild eine praktische Arbeit am Ofen vorgesehen.

Die Werkzeuge des Apparateglasmachers sind sehr einfach. Sie haben sich seit Jahrhunderten kaum verändert. Alles ist auf reine Handfertigkeit eingestellt.

Die Glasmacherpfeifen sind etwa 1,7 m lange Eisenrohre, deren Ende verdickt ist. Der Durchmesser der Pfeifen richtet sich nach der Größe des zu fertigenden Gegenstandes. Die Köpfe derselben bestehen heute meist aus zunderfreiem Stahl. Zur Entnahme kleinerer Glasmengen aus den Häfen, während der Bearbeitung am Stuhl und zur Handhabung des Glaskörpers bei freihändiger Arbeit, dienen neben den Pfeifen Eisenstäbe verschiedener Durchmesser, die Heft- und Nabeleisen.

Die Werkbank ist bei freihändiger Arbeit eine Bank mit zwei armlehnenähnlichen Seitenstützen, auf denen die Pfeife hin und her gerollt werden kann. Bei Einblasearbeit dient ein Rollbock dem gleichen Zweck.

Das Vorformen geschieht mittels Motzlöffel oder Motzklotz, das sind halbkugelförmig ausgehöhlte Holzklötze, bei kleineren Abmessungen mit Stiel, und mittels Schere, das ist eine Bügelschere, deren Schneiden aus Holz, Eisen oder Messing bestehen.

Ein weiteres Werkzeug ist die Zwackschere, eine kräftige Schere zum Schneiden des Glases im zähflüssigen Zustande.

Kleinere Gegenstände werden meist über den Nabel, wie der Glasmacherausdruck lautet, gearbeitet. Das heißt, die gesamte erforderliche Glasmenge wird in einem Arbeitsgang dem Hafen entnommen. Größere Gegenstände und solche, bei denen es auf gleichmäßige Wanddicke ankommt, werden über das Kölbel gearbeitet. Das heißt, es wird zuerst wie beim Arbeiten über den Nabel ein Kölbel geblasen, welches man nahezu erkalten läßt. Dann wird dieses Kölbel in das flüssige Glas getaucht und mit einer zähflüssigen Glasschicht überzogen, das Überfangen oder Überstechen. Für die Weiterverarbeitung ist es sehr wichtig, daß diese Überfangschicht richtig verteilt ist, das Kölbel also überall die gleichmäßige, der Endform entsprechende Wanddicke erhält, was beim Arbeiten über das Kölbel am leichtesten erzielt werden kann. Es geschieht im Motzklotz und auf einer polierten, mit Wachs überzogenen Wälzplatte aus Eisen.

Nachdem durch Walzen, Bearbeiten mit Motzlöffel und Schere dem Posten die rohe Form des einzublasenden Gegenstandes gegeben ist, wird er im Ofen wieder auf die zum Einblasen erforderliche Temperatur gebracht und in die Form eingeblasen. Soll der Körper in der Hütte nicht weiter bearbeitet werden, so wird er von der Pfeife abgeschlagen, nachdem man die Ansatzstelle an der Pfeife mit der feuchten Schere eingeschnürt und abgeschreckt hat. Dieses Abschlagen geschieht entweder direkt in den Kühlofen, auf die Eintragschaufel oder bei einfachen Körpern auf ein Holzbrett, auf Asbest oder Holzkohle. Viele Gegenstände werden „von der Pfeife weg" abgegeben und in den Glasbläsereien weiter verarbeitet.

Soll der eingeblasene Gegenstand in der Hütte weiter verarbeitet werden, so wird er am Boden an ein mit etwas zähflüssigem Glas oder einem mit sogenanntem Sandnabel versehenen Hefteisen angeheftet und von der Pfeife abgeschlagen. Als Sandnabel bezeichnet man einen massiven stempelförmigen Glaskopf, der heiß auf eine heiße Sandschicht gestoßen wird, damit der angeheftete Glaskörper wieder leicht entfernt werden kann. Der Sandnabel hat den Vorteil, daß die Heftnarbe später nicht ausgekugelt (geschliffen und poliert) zu werden braucht. Bei einfachen zylindrischen Körpern, wie Flaschen, werden an Stelle des Hefteisens oft auch zangenförmige Kluppen verwendet. Der jetzt am Hefteisen sitzende Körper wird nun im Trommelofen eingewärmt und durch Aufsetzen oder Ausziehen von Tuben, Auflegen von Rändern und sonstige Gestaltung der Öffnung weiter bearbeitet. Nach Vollendung all dieser Arbeiten wird das nunmehr fertige Gefäß noch an der Pfeife haftend oder auf einer Einlegeschaufel in den Kühlofen eingetragen. Für den Ausgleich der Spannungen ist es wesentlich, kompliziertere Gefäße vor dem Eintragen noch einmal im Trommelofen gleichmäßig aufzuwärmen.

Beim Ziehen von Röhren mit der Hand wird die Glasmasse durch Wälzen, Überfangen und Aufblasen zu einem starkwandigen hohlen Posten vorgeformt. Nach dem Anheften an das Schleppeisen wird die Glasmasse im Rohrziehgang auseinandergezogen. Die Rohrdimensionen ergeben sich aus den Abmessungen des Postens, der eingeblasenen Luftmenge und der Ziehgeschwindigkeit. Es ist erstaunlich, wie genau erfahrene Rohrzieher die vorgeschriebenen Dimensionen treffen. Durch Auflage von Email vor dem Überfangen des Postens können die Röhren mit weißen und farbigen Streifen (z. B. Schellbachstreifen) versehen werden. Durch Breitdrücken des Postens zwischen Holzbrettern oder in besonderen Formen können den Röhren vom Kreis abweichende Querschnitte gegeben werden, z. B. Butyrometerröhren und Thermometerkapillaren. Die gestreckten und erstarrten Züge werden auf Holzleisten abgelegt und noch heiß in meist 1,5 m lange Stücke zerschnitten und sortiert. Die mehr oder weniger konischen Endstücke der Züge wandern mit den Scherben in den Ofen zurück. Nach diesem Verfahren ist es verständlich, daß nur die mittleren Teile eines Zuges einigermaßen zylindrisch sind, also für Meßgeräte taugen. Die maschinengezogenen Röhren sind zwar etwas gleichmäßiger, jedoch nicht in allen Abmessungen erhältlich, so daß Sondermaße und kleinere Mengen wohl auch in Zukunft dem Handziehverfahren vorbehalten bleiben werden.

Wenn in den chemisch-technischen Hütten die Handarbeit vorherrscht und damit die alte Glasmacherkunst bis zum heutigen Tage erhalten geblieben ist, so ist dies in erster Linie auf die Mannigfaltigkeit der im chemischen Laboratorium benötigten Formen zurückzuführen. Die Serien sind für eine maschinelle Fertigung zu klein. Immerhin konnte in vielen Fällen das Schleuder- und Preßverfahren die rein manuelle Arbeit ersetzen.

Die oft als Berufskrankheit des Glasmachers angesehene Tuberkulose hat umfassende Untersuchungen in den verschiedensten Hütten veranlaßt, die alle negativ verlaufen sind. Die Gefahr der Übertragung einmal im Betrieb vorhandener Tuberkulose ist allerdings sehr groß, denn es wird sich kaum verhindern lassen, daß Glasmacherpfeife und Bierflasche von Mund zu Mund gehen. Das einzige Mittel ist die Ausschaltung lungenkranker Glasmacher von der Ofenarbeit.

Auch die bei Glasmachern als Glasmacherstar bezeichnete Trübung der Linse tritt bei Glasmachern nicht häufiger auf als der graue Star in anderen Berufen. Er wird auf den Einfluß der infraroten Strahlen des Ofens zurückgeführt, die aber leicht durch entsprechende Schutzbrillen abgehalten werden können, wenn der Glasmacher solche aufsetzt.

Schnittwunden durch Glassplitter sind verhältnismäßig selten und meist harmlos. Die Gefahr der Verletzung der Augen durch Splitter besteht hauptsächlich beim Vorbereiten und Einlegen der Scherben. Sie können nur auftreten, wenn der Arbeiter die nach gewerbepolizeilicher Vorschrift stets vorhandenen Drahtbrillen nicht benutzt.

Im allgemeinen kann festgestellt werden, daß der Apparateglasmacher der Thüringer Waldes durchschnittlich ein hohes Lebensalter erreicht hat.

3. Der Apparateglasbläser

Das Rohmaterial des Apparateglasbläsers sind Glasröhren, Stäbe und in der Hütte eingeblasene Rohkörper. Diese Halbfabrikate besitzen alle Nachteile des Glases. Sie sind nie ganz maßhaltig. Röhren, seien sie von Hand oder Maschine gezogen, sind mehr oder weniger gekrümmt, unrund, von ungleicher Wanddicke und nie ganz zylindrisch. Ähnlich liegen die Dinge bei den eingeblasenen Rohkörpern, wenn bei ihnen auch die Abweichungen der Außenmaße, soweit in Eisenformen eingeblasen, geringer sind. Die größten Abweichungen liegen hier in der Wanddicke, die erheblich größer sind als bei Röhren. Diese Tatsachen lassen die Wichtigkeit weiter Toleranzen in der Glasindustrie erkennen.

Die Anforderungen, die an ein Glas für chemische Laboratoriumsgeräte gestellt werden müssen, sind früher dargestellt. Nur auf die für den Glasbläser wichtigste, die Stabilität des glasigen Zustandes, die Beständigkeit gegen Entglasen vor der Lampe, sei noch einmal hingewiesen.

Die Werkzeuge des Apparateglasbläsers sind sehr einfach. Das wichtigste Gerät ist das Gebläse, die Lampe, wie es von früher her heißt. Für die meisten im Laboratorium anfallenden Glasblasearbeiten genügt eine mittlere Größe, wie sie sonst auch im Laboratorium zum Erhitzen von Tiegeln Verwendung findet. Als Luftdüsen verwendet der Glasbläser meist solche aus Glas, an Stelle der mitgelieferten Metalldüsen. Es genügen Glasrohrstückchen, die man in den verschiedenen Abmessungen bereithält und je nach Bedarf mit einer Papierdichtung einsetzt. Sehr praktisch ist es, neben dem Preßlufthahn einen zweiten für Sauerstoff anzubringen, um jederzeit von Preßluft auf Sauerstoff übergehen oder den Sauerstoffgehalt der Preßluft erhöhen zu können.

Die Gebläselampe muß leicht regulierbar sein, damit die Flamme jederzeit schnell den wechselnden Bedingungen des Glasblasens angepaßt werden kann. Sehr praktisch ist es, zum Absprengen eine ganz feine scharfe Stichflamme am Gebläse erzeugen zu können. Die Flamme wird zum Vor- und Nachwärmen, um eine gleichmäßige allmähliche Erhitzung bzw. Abkühlung zu erreichen, mit wenig Luft breit eingestellt. Zum eigentlichen Glasblasen benötigt man jedoch scharfe Flammen, die das Glas möglichst punktförmig zu erhitzen gestatten.

Weitere Werkzeuge sind: das Glasmesser, ein zweischneidiges auf Sandstein rauhgewetztes Stahlmesser (Abb. 27a), welches feilenartig wirken soll. Die Auftreiber sind Messingblechdreiecke, die an Holzheften befestigt sind. Es sind solche mit dolchartig feiner Spitze und kleinem Winkel (Abb. 27b), ferner solche mit stumpfem Winkel (Abb. 27c) und solche über 30 bis 100 mm Breite mit abgestumpfter Spitze (Trapezform) (Abb. 27d u. e) erforderlich. Die Messingauftreiber werden mit

Wachs überzogen, das während des Gebrauches öfters erneuert werden muß, damit das Glas nicht anklebt. Neben den Metallauftreibern sind solche aus Graphit in Form von Platten und achtkantigen Pyramiden (Abb. 27f) in Gebrauch; sie nutzen sich zwar stärker ab, brauchen aber nicht mit Wachs überzogen zu werden. Weiter sind Messingstichel (etwa 3 mm Durchmesser) mit gerader oder rechtwinklig umgebogener Spitze (Abb. 27g u. h) erforderlich, um Einstiche in der Glaswand von außen oder innen zu erzeugen. Ein Schnürblech ist eine mit Fuß und verschiedenen halbkugel- oder winkelförmigen Einschnitten versehene Messingscheibe zum Einschnüren von Glasröhren (Abb. 27i). Eine kleine pinzettenartige Quetschzange (Abb. 27k) dient zum Breitdrücken des Glases. Verschiedene Anstecker zum Zentrieren einzuschmelzender Glasröhren (Abb. 27 l) und Kluppen zum Halten von Kolben (Abb. 27 m) beschließen den wichtigsten Werkzeugbedarf des Glasbläsers.

Beim Glasblasen faßt man das Glasrohr in der linken Hand mit Obergriff, so daß es auf dem gekrümmten Mittel-,

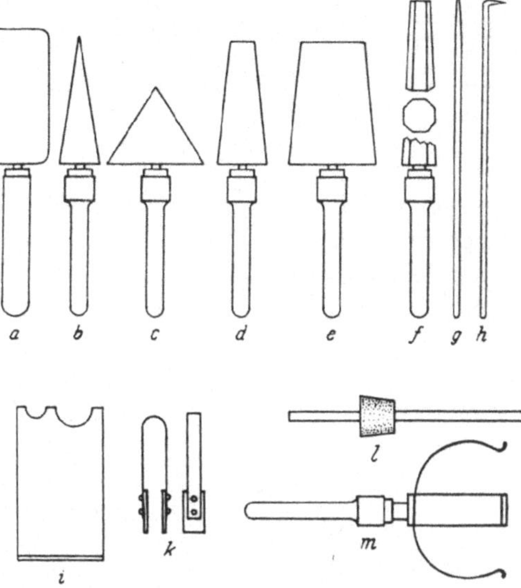

Abb. 27. Die Werkzeuge des Apparate-Glasbläsers

Ring- und kleinen Finger aufliegt und vom Daumen und Zeigefinger gedreht wird. Die rechte Hand faßt das andere Ende mit Untergriff. Das Glasrohr liegt hier auf dem Mittelfinger auf und wird ebenfalls von Daumen und Zeigefinger gedreht. Zwischen beiden Händen befindet sich das Gebläse. Unter Drehung wird das Glasrohr gleichmäßig erwärmt, wobei darauf zu achten ist, daß der heißeste Teil der Gebläseflamme die Stelle des Glases trifft, die umgeformt werden soll. Das richtige Drehen des zu bearbeitenden Glases gehört zu der wichtigsten Fertigkeit des Glasbläsers. Er muß es verstehen, das Glasrohr auch nach der Erweichung mit beiden Händen synchron weiter zu drehen, ohne die Rohrachse zu verändern. Er muß ferner fühlen, wo das Glas infolge größerer Wandstärke noch zu zäh ist und dort durch langsameres Drehen eine Temperaturerhöhung herbeiführen. Große Geschicklichkeit erfordert das gleichmäßige Drehen eines Glaskörpers, dessen Rohrachsen einen Winkel

4*

bilden. In diesem Falle müssen mitunter beide Hände freie Kreisbögen beschreiben, die so zu legen sind, daß die aufzuheizende Stelle stets in dem heißesten Teil der Flamme bleibt und trotzdem alles synchron läuft. Eine sichere Handführung gehört auch dazu, ein in der Mitte erweichtes Glasrohr ohne Deformation um 90° zu drehen, um das Rohr mit dem Munde zu einer Kugel aufblasen zu können.

Die erste Aufgabe, die der Anfänger im Glasblasen beherrschen muß, ist das Abziehen von Spitzen an Glasröhren verschiedener Weite

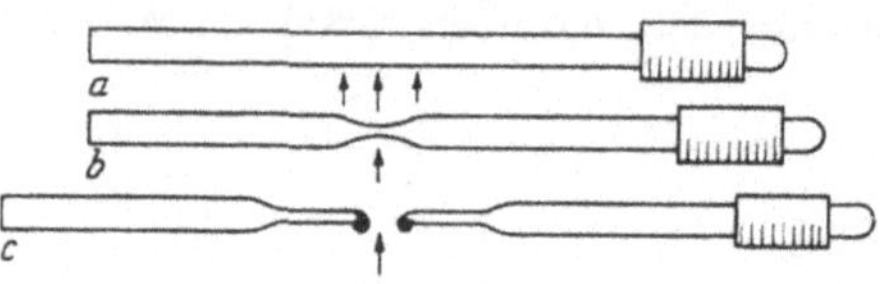

Abb. 28. Ausziehen von Spitzen

(Abb. 28). Hierbei lernt er das gleichmäßige Drehen und Erhitzen, die Grundlage aller Glasbläserei. Die Spitze soll in der Verlängerung der Rohrachse gerade ausgezogen sein und eine zur Weiterverarbeitung geeignete Wandstärke haben. Sollte die Spitze nicht gut zentriert sein, was infolge ungleichmäßiger Wandstärke auch bei geübten Glasbläsern vorkommt, so kann sie nach erneutem Erhitzen gerichtet werden. Nach dem Abziehen von Spitzen muß der angehende

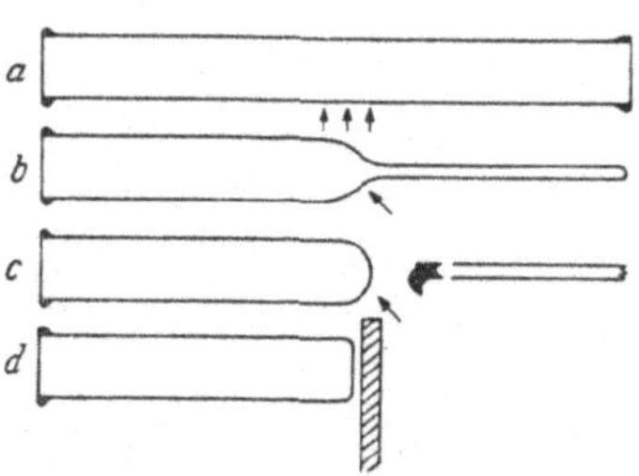

Abb. 29. Reagenzglas und Präparatenglas mit flachem Boden

Glasbläser lernen, Röhren durch teilweises Ausziehen auf einen bestimmten Durchmesser zu verengen und auf eine bestimmte Wanddicke zu bringen.

Zur Herstellung eines Reagenzglases werden Glasröhren in Stücke von etwa doppelter Länge der Reagenzgläser geschnitten (Abb. 29), die Ränder mit Hilfe eines Auftreibers umgebördelt und die Rohrstücke in der Mitte auseinandergezogen. Die Spitzen werden dann vor einer scharfen Flamme weiter abgezogen, wobei der entstehende Glasknopf mit entfernt und der Boden in möglichst gleichmäßiger Wandstärke rund geblasen wird. Soll der Boden wie bei einem Präparatenglas flach sein, so wird er mit einem Auftreiber eben gedrückt (Abb. 29d).

Zum Biegen eines Glasrohres erhitzt man die betreffende Stelle zieht sie etwas aus und biegt das fast erkaltete Rohr unter Einblasen kurz herum (Abb. 30). Bei einiger Übung läßt sich vermeiden, daß das Rohr an der Biegung einknickt oder sich verflacht. Solche Fehler, die insbesondere bei weiten Rohren auftreten, können nachträglich durch Erhitzen und Aufblasen korrigiert werden (Abb. 31 und 32).

Sollen Glasröhren von gleichem Durchmesser und gleicher Wandstärke miteinander verschmolzen werden, erhitzt man ihre Enden bis die

Wandung sich etwas verdickt, heftet sie zusammen, bläst die Nahtstelle
auf und zieht sie aus, bis Durchmesser und Wandstärke wieder das ur-

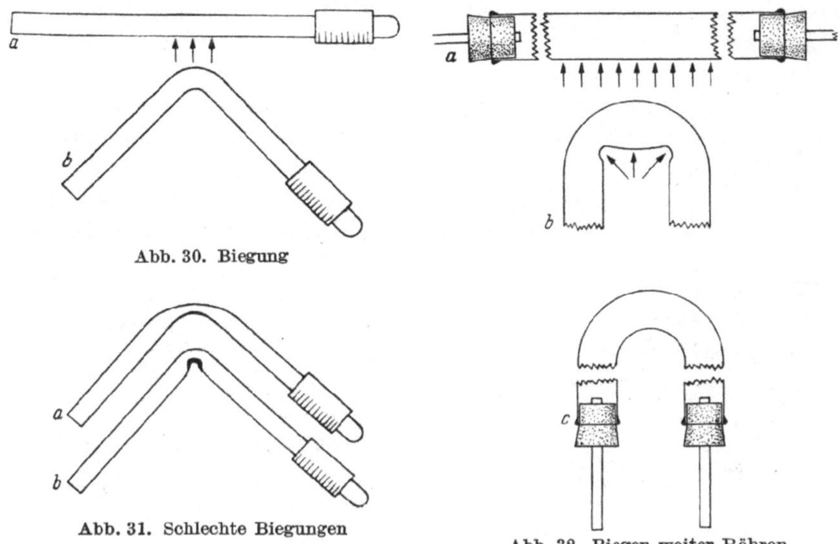

Abb. 30. Biegung

Abb. 31. Schlechte Biegungen

Abb. 32. Biegen weiter Röhren

sprüngliche Maß erreicht haben (Abb. 33). Um Glasröhren verschiedener
Weiten zusammenzusetzen, muß das weitere Rohr durch Ausziehen auf
den Durchmesser des engen
gebracht werden (Abb. 34).

Kapillarrohre lassen sich
an weitere Röhren anschmel-
zen, nachdem das Kapillarrohrende auf eine Wand-
stärke gebracht wurde, die
dem Ansatzrohr entspricht.
Zu diesem Zwecke bläst man
das Kapillarrohrende zu
einer dünnwandigen Kugel
auf, trennt diese ab und verschmilzt den Rand des Rohres. An das so vorbereitete
Kapillarrohr kann ohne weiteres das Anschlußrohr angeheftet werden (Abb. 35).

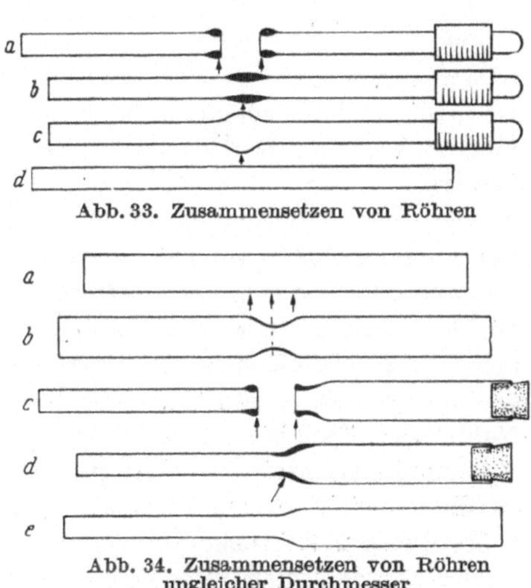

Abb. 33. Zusammensetzen von Röhren

Abb. 34. Zusammensetzen von Röhren
ungleicher Durchmesser

Soll eine seitliche Öffnung im Glasrohr angebracht werden, so wird
die betreffende Stelle mit einer scharfen Stichflamme bis zum Erweichen

erhitzt und die Rohrwand durch Ausblasen, Ausziehen oder Ausstechen gelocht. Im ersten Fall entsteht eine dünnwandige Blase; sie wird abgeschlagen und der Lochrand verschmolzen (Abb. 36). Beim Ausziehen heftet man einen Glasfaden an die erhitzte Stelle und zieht seitlich eine Spitze aus, die mit dem Glasmesser angeritzt und abgeschlagen wird (Abb. 37). Zum Ausstechen dient ein rechtwinklig gebogener Draht, mit dem von innen die erweichte Glasmasse herausgedrückt wird. Die hierbei entstehende Spitze wird abgetrennt und der Lochrand verschmolzen (Abb. 38).

Die erste Methode ist beschränkt auf die Fälle, die ein Einblasen gestatten und ist für größere Löcher geeignet. Das Lochen durch Ausziehen

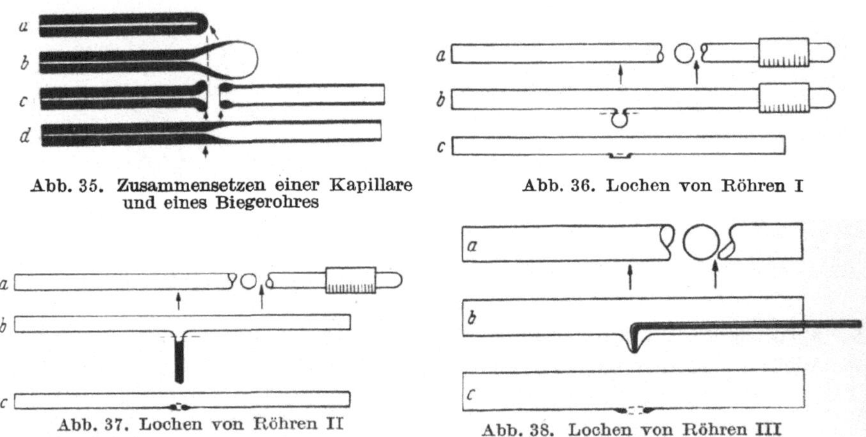

Abb. 35. Zusammensetzen einer Kapillare
und eines Biegerohres

Abb. 36. Lochen von Röhren I

Abb. 37. Lochen von Röhren II

Abb. 38. Lochen von Röhren III

ist in jedem Falle möglich, das durch Ausstechen nur, wenn das Loch nicht zu weit vom Rande entfernt sein soll, also mit dem Stichel erreichbar ist.

Der erste Arbeitsgang bei der Herstellung eines T-Stückes ist das Lochen des einen Rohres, was meist durch Ausblasen geschieht. Gleichzeitig wird das Ende des anzusetzenden Rohres erhitzt, bis die Glasmasse auf den Lochdurchmesser zusammengeschrumpft ist. Dann wird möglichst heiß zusammengesetzt, etwas gezogen und geblasen. Bei einem geübten Glasbläser ist das T-Stück fertig. Ein weniger geübter wird die Nahtstellen noch weiter verblasen müssen (Abb. 39).

Soll ein Trichterrohr gefertigt werden, so zieht man ein Glasrohr so auseinander, daß Stücke entstehen, die beiderseits in Spitzen auslaufen. Eines dieser Rohrstücke verengt man in der Mitte auf die Weite des Stieles und zerschneidet es hier in zwei Teile. An der Verengung wird der Stiel angesetzt und ein Teil des weiten Rohres zur Kugel aufgeblasen Jetzt wird die Spitze kurz abgezogen und der Glasrest dünnwandig ausgeblasen. Die Blase wird abgeschlagen und der übrig gebliebene zylindrische Teil aufgetrieben (Abb. 40).

Wird nicht nur der zylindrische Rand, sondern auch die Kugel kegelförmig bis zu einem Winkel von 60° aufgetrieben, so entsteht ein kleiner konischer Trichter (Abb. 41).

Zur Herstellung eines Präparatenglases mit Fuß wird ein einseitig spitz ausgezogenes Rohr an einer bestimmten Stelle so eingeschnürt, daß ein massiver Stiel entsteht. Dann schneidet man die Spitze ab, treibt zum Teller auf und verschmilzt den Rand (Abb. 42).

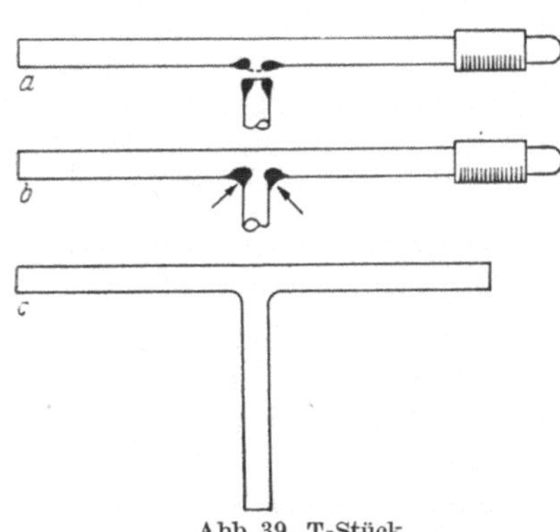

Abb. 39. T-Stück

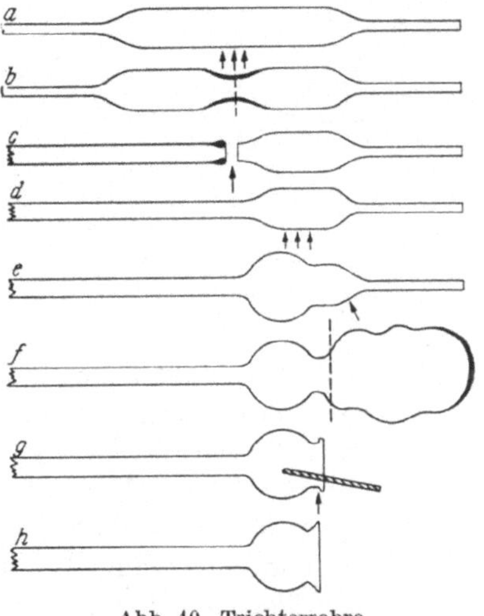

Abb. 40. Trichterrohre

Eine kleine Waschflasche kann aus einem weiten Rohr mit einseitiger Spitze angefertigt werden. Man schiebt das einzuschmelzende einseitig

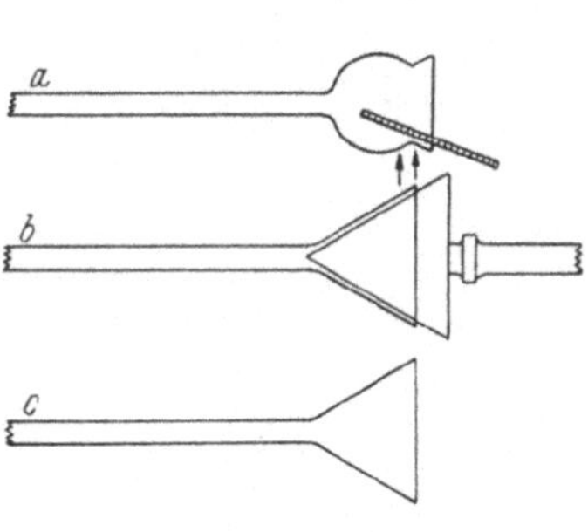

Abb. 41. Trichter

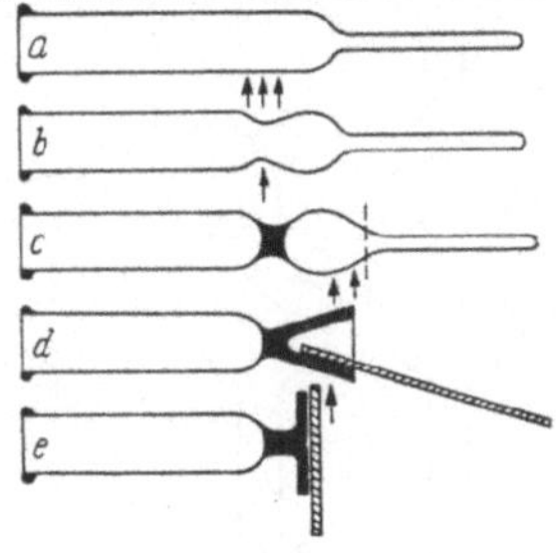

Abb. 42. Präparatenglas mit Fuß

aufgebördelte Rohr lose auf einen Anstecker, schneidet die Spitze ab und schmilzt an deren Stelle ein zweites Glasrohr an. Jetzt erhitzt man die Schulter und läßt das Innenrohr am Anstecker vorrutschen, um es mit der Schulter zu verschmelzen. Dann wird ein drittes Rohr seitlich angeschmolzen, der Boden geschlossen, und schließlich werden die Ansatzrohre rechtwinklig abgebogen (Abb. 43).

Die Herstellung eines Liebigkühlers ähnelt derjenigen der Waschflasche, nur wird, statt das Außenrohr zu schließen, das Innenrohr auch an seinem freien Ende mit dem Mantelrohr verschmolzen und wie die

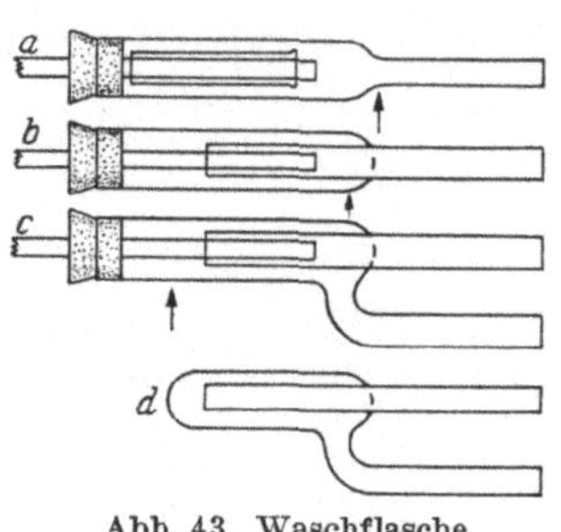

Abb. 43. Waschflasche

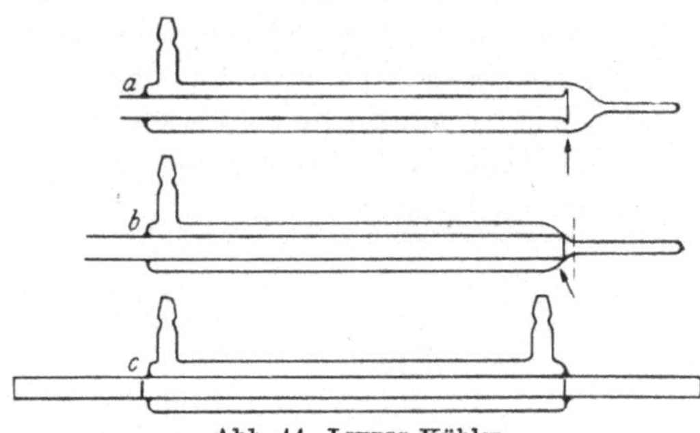

Abb. 44. Liebig-Kühler

andere Seite behandelt. Um ein nachträgliches Springen zu vermeiden, muß der Kühlermantel in der Flamme gut nachgewärmt werden (Abb. 44).

Für einen Tropfenfänger wird das Ende eines Rohres zu einer Kugel aufgeblasen und in der Verlängerung der Rohrachse eine Öffnung ausgeblasen, in die das vorbereitete, gebogene und gelochte Ansatzrohr eingeführt und eingeschmolzen wird (Abb. 45).

Um eine kleine Meßflasche herzustellen, schmilzt man ein enges Rohr, das Halsrohr, mit einem weiten Rohr zusammen, das zu einem birnförmigen Gefäß aufgeblasen wird. Dann zieht man die Spitze weg, flacht den Boden ab und treibt den Halsrand

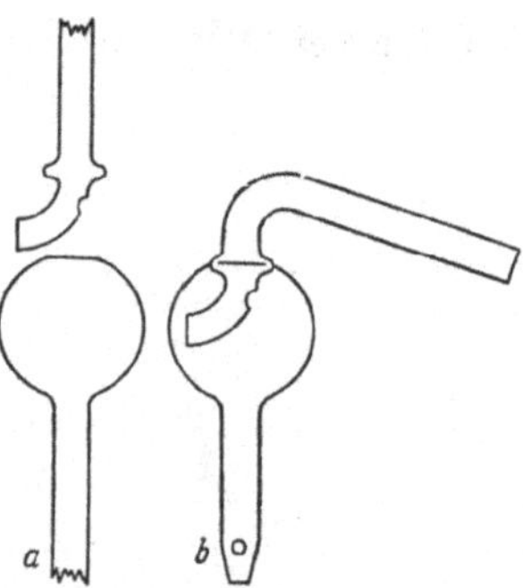

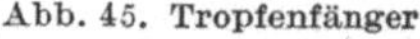

Abb. 45. Tropfenfänger

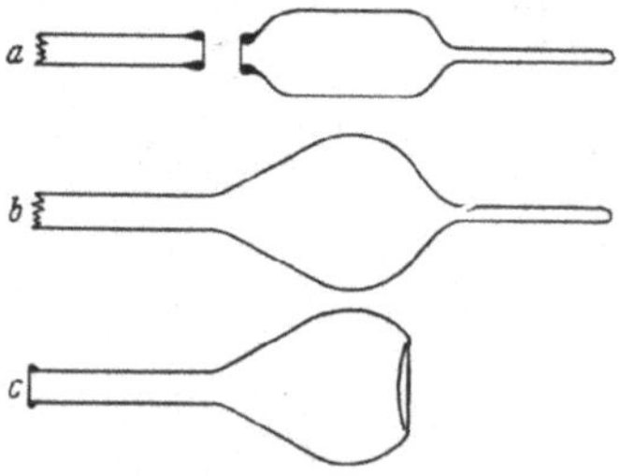

Abb. 46. Meßflasche

auf. Nach dem Erkalten mißt man nach und korrigiert den Inhalt durch Aufblasen oder Eindrücken des Bodens (Abb. 46).

Eine Hahnhülse wird hergestellt, indem man ein entsprechend langes Rohrstückchen seitlich an einem Glasfaden anheftet, die beiden Ränder umbördelt und das Röhrchen selbst mittels Kohle auf den erforderlichen Verjüngungswinkel auftreibt. Dann wird die dem Glasfaden gegenüber-

liegende Stelle durch Ausstechen gelocht und an dieser Stelle der vorbereitete erste Schenkel angeschmolzen. Hierbei ist zu beachten, daß dies bei möglichst hoher Temperatur erfolgt und das Glas an der Nahtstelle mit dem Stichel gut verteilt wird. Jetzt wird der Glasfaden abgeschlagen und die Hülse an dieser Stelle ebenfalls durch Ausstechen gelocht. Nachdem der zweite Schenkel wie der erste angesetzt und die Hülse noch einmal über den Kohledorn getrieben ist, kann die Hülse in den Kühlofen gebracht werden (Abb. 47).

Ein Hahngriff wird in der Weise angefertigt, daß man ein Rohr beiderseits zu Spitzen auszieht, die eine schließt, die andere abbiegt und in der Mitte des Griffes ein Loch ausbläst (Abb. 48).

Ein hohles Hahnküken wird hergestellt, indem man ein Röhrchen mit zwei Spitzen an einem Ende dem Kükenhals entsprechend einschnürt und den Hauptkörper durch Blasen und Ziehen konisch formt. Dann wird das konische Stück in der Mitte durch Ausziehen gelocht und in diese Öffnung ein Röhrchen eingeführt, dessen Innendurchmesser der Hahnbohrung entspricht. Nachdem dieses Röhrchen an der gegenüberliegenden Seite des Kükens angeschmolzen ist, wird es dicht an der Wand

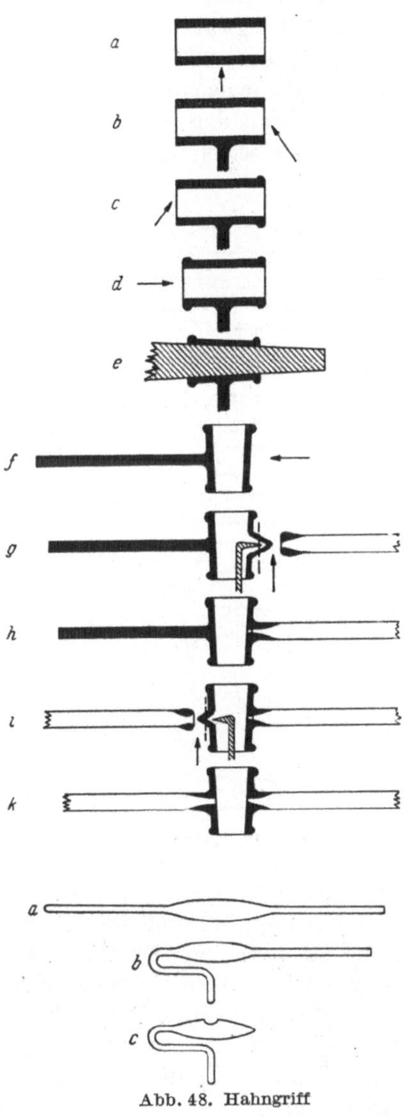

Abb. 48. Hahngriff

des Kükens abgeschnitten, an dieser Stelle aufgetrieben und mit dem Küken verschmolzen. Nun öffnet man die andere Seite des Röhrchens durch Ausziehen und verschmilzt den Lochrand. Jetzt wird der Hahngriff an den Hals des Kükens angesetzt und das Küken unten zugeschmolzen. Nach dem Auskühlen kann das zweite Griffende abgeschmolzen werden. Damit ist die glasbläserische Arbeit beendet und das Küken kann in die Hahnhülse eingeschliffen werden (Abb. 49).

Eine häufig vorkommende Tätigkeit des Chemikers ist das Anfertigen und Schließen von Bombenrohren (Abb. 50). Gut hergestellte Bombenrohre halten je nach Durchmesser 50—150 Atm. Überdruck aus. Wichtig ist vor allem, daß Boden und Schulter dickwandig gehalten werden. Die Glasart ist von untergeordneter Bedeutung. Sie ist nur gegen chemischen Angriff wichtig, wenn die Reaktionsprodukte des Glases dem Inhalt schaden. Das einseitig geschlossene

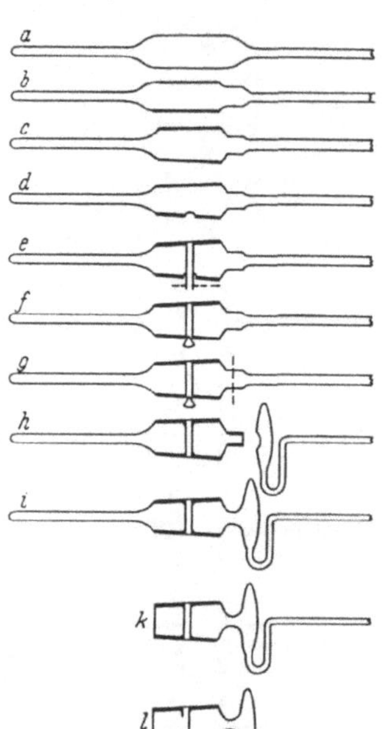

Abb. 49. Hahnküken

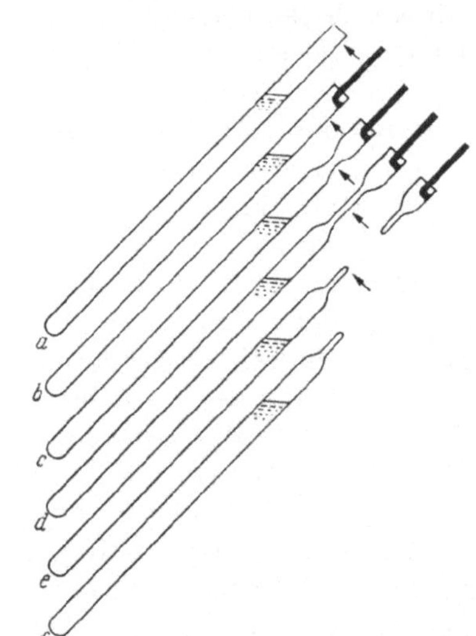

Abb. 50. Verschließen eines Bombenrohres

Rohr wird gefüllt und nach vorsichtigem Anwärmen mit Hilfe eines Glasfadens abgezogen, wobei wie schon erwähnt, eine Schwächung der Wanddicke möglichst zu vermeiden ist. Dann läßt man am besten etwas erkalten, damit beim Abschmelzen kein Überdruck entsteht, und schmilzt die Kapillare ab. Mit einiger Vorsicht kann man auch bei leichtsiedenden Substanzen bis 50 mm an die Flüssigkeitsoberfläche herangehen. In gleicher Weise schmilzt man leichtsiedende Substanzen in Präparatengläser ein.

Sehr vorteilhaft ist es für den Chemiker, wenn er es lernt, mit dem Handgebläse umzugehen; das heißt also nicht das Glasrohr, sondern das Gebläse zu bewegen. Er kann dann lange Rohrleitungen und große Apparate herstellen, die sonst nicht zu handhaben sind. Das Blasen geschieht, nachdem auch hier alle anderen Öffnungen mit toten Enden verschlossen sind, durch einen langen Gummischlauch. Um die Feuchtigkeit vom Inneren des Apparates abzuhalten, kann man ein Chlorkalziumrohr zwischenschalten. Offene Stellen stopft man durch zickzackförmiges Zusammenziehen mit einem Glasfaden und Verblasen. Beim Arbeiten mit dem Handgebläse ist zu beachten, daß das flüssige Glas nach unten zu laufen bestrebt ist. Bei langem Verblasen wird daher die untere Nahtstelle immer dicker, die obere immer dünnwandiger, bis die letztere aufreißt. Es muß daher schnell gearbeitet werden. Erforderlichenfalls wird mittels Glasfaden unten Glas weggenommen und oben aufgelegt und verblasen. Bei einiger Übung bietet das Verschmelzen von Röhren bis 9 mm Durchmesser mit dem Handgebläse keine Schwierigkeit. Es ist jedoch jeder Apparat nach dem Verblasen auf Vakuumdichtigkeit zu prüfen. Eine poröse Stelle zu finden, ist nicht immer leicht.

An Versuchen, die Handarbeit des Glasbläsers zu mechanisieren, hat es nicht gefehlt. Vollautomatisch werden seit längerer Zeit Ampullen und andere Massenartikel hergestellt, und mit gutem Erfolg werden in den Glasinstrumentenfabriken bereits Verschmelzmaschinen, Synchrondrehbänke, Auftreibmaschinen und Maschinen, die durch Zentrifugalkraft Glasröhren verformen, verwandt.

Spezifische Berufskrankheiten des Apparateglasbläsers sind nicht beobachtet worden. Das gute Training der Lungen durch das genaue Maßhalten beim Blasen ist vielleicht eine Ursache für die hohen gesanglichen Leistungen der Thüringer Wäldler.

4. Der Apparateglasschleifer

Die in der Hütte oder vor der Lampe vorbereiteten Rohkörper werden vom Apparateglasschleifer als Hülsen ausgebohrt oder als Kerne abgedreht. Das heißt, sie werden durch Abschleifen auf Eisenblechkegeln mit Quarzsand oder Schmirgel und Wasser auf eine angenäherte Passung bis etwa $\pm$ 0,2 mm gebracht. Dann wird der Kern in die Kluppe der Schleifbank eingespannt und Kern und Hülse Glas in Glas mit Schmirgel und Öl bis zur endgültigen Passung ineinandergeschliffen, der sprichwörtlich gewordene „letzte Schliff". Austauschbare Schliffe können natürlich nicht Glas in Glas geschliffen werden, sondern hier dienen konische Schleifdorne und Hülsen, die selbst sorgfältig auf gute Passung geschliffen werden müssen, zur Vollendung des Schliffes. Die Genauigkeit der austauschbaren Schliffe ist also abhängig von der Genauigkeit der Passung der Werkzeuge und deren Abnutzung. Normschliffe höchster Präzision werden auf Rundschleifmaschinen hergestellt, und neuerdings hat auch das spitzenlose Schleifverfahren Eingang in die Glasindustrie gefunden.

Bei der Anfertigung von Planschliffen wird eine Planscheibe verwendet. Das ist eine horizontal laufende Gußeisenscheibe von etwa 600 mm Durchmesser, die laufend mit Sand oder Schmirgel und Wasser berieselt wird. Zum Planschleifen der Ränder von dünnwandigen Glasgeräten eignen sich die mit Schmirgelbändern ausgestatteten Bandschleifmaschinen.

Kugelschliffe werden in halbkugelförmigen Eisenschalen und auf vollen Halbkugeln geschliffen, Zylinderschliffe auf Eisenkernen mit verstellbarem Kegelwinkel.

In allen diesen Fällen wird je nach Körnung des Schleifmittels Quarzsand, Schmirgel oder Siliziumkarbid, ein Schliff mit mehr oder weniger rauher Oberfläche erhalten. Soll die Oberfläche glatt sein, so muß sie nachträglich poliert werden. Dies erfolgt auf Lindenholz, Leder oder Filz mit Polierrot. Während des Polierens ist ein deutliches Fließen der Glasoberfläche nachgewiesen worden, so daß Kratzer zugeschmiert werden. Die Ursache davon ist die lokale Erhitzung des Glases bis zum Erweichen durch den Schleifdruck. Unterstützt wird dieses Schmieren der Oberfläche durch Quellung. Unter den Schleif- und Polierbedingungen wird Wasser oder Öl, wie im Autoklaven, in das Gitter des Glases hineingepreßt und damit die Plastizität erhöht. Dies ist auch die Erklärung für die langbekannte Erscheinung, daß bei alten Gläsern die polierten Oberflächen nicht so weitgehend verwittert sind, wie unbearbeitete.

Das Bohren des Glases geschieht mit den für Metall gebräuchlichen Bohrmaschinen mittels Stahlbohrer und Terpentinöl als Kühlmittel. Bohrer mit Widiaschneiden haben sich gut bewährt. Diamant-Werkzeuge wie Diamantbohrkronen, Diamant-Trennscheiben und Diamantfräser, haben wegen ihrer hohen Schnittgeschwindigkeit die herkömmlichen Hilfsmittel weitgehend verdrängt.

Sollen die Ränder von Körpern, deren Querschnitt vom kreisförmigen abweicht, ebengeschliffen werden, so schneidet man mit einer dünnen Schleifscheibe vor und kröselt mit einer groben Feile, meist genügt auch das Gewinde eines Schraubenbolzens, die überstehenden Ränder bis zum Schnitt ab. Dann wird der Rand auf der Planscheibe ebengeschliffen, versäumt und poliert.

Das Versäumen der scharfen Ränder soll das Einreißen von Sprüngen und Ausbrechen von Glassplittern verhindern. Es ist besonders bei Hahnbohrungen wichtig, da sonst nachträglich aus den Kanten ausbrechende Splitter leicht zwischen die Schliffflächen gelangen und durch Rillenbildung den Hahn undicht machen.

Wichtig für einen guten Schliff ist die richtige Vorbereitung der Schleif- und Poliermittel. Bei gebrauchten Schleifmitteln ist es erforderlich, den Glasschluff, das abgeschliffene feine Glaspulver zu beseitigen.

Das geschieht durch Schlämmen mit Wasser in Trögen und Abgießen, oder besser in besonderen Schlämmapparaten. Im laufenden Betrieb wird das Korn der Schleifmittel immer feiner, so daß nur grobes Korn ersetzt zu werden braucht.

Die meist gebräuchlichen Schleifbänke sind einfache Drechselbänke mit Stufenscheiben und Vor- und Rückwärtsgang. Meist haben sie Motorantrieb. Nur für sehr zerbrechliche Geräte, die bei Bruch leicht zu Handverletzungen führen können, sind noch die alten Schleifbänke mit Fußantrieb beliebt.

Gesundheitliche Gefährdung des Glasschleifers ist bei dem ausschließlichen Naßschleifen nicht zu befürchten. Nur in Werkstätten, in denen viel gekröselt und poliert wird, ist es erforderlich, den gebildeten feinen Glasstaub abzusaugen. Das ständige Arbeiten in warmem Wasser macht die Hände des Schleifers gegen Verletzungen empfindlich, wodurch bösartige Infektionen entstehen können. Es ist daher empfehlenswert, dem Schleifwasser ab und zu einige Tropfen eines Desinfektionsmittels zuzusetzen und die meist hölzernen Tröge damit zu behandeln.

5. Der Glasapparatejustierer

Die in Paris aufbewahrten Urmaße für Länge und Masse, das Urmeter und das Urkilogramm, stehen leider in keinem genau rationalen Verhältnis zueinander. Das Liter ist das Volumen der Masse von einem Kilogramm Wasser bei seiner größten Dichte von $+ 4°$. Das früher gebräuchliche MOHRsche Liter ist der Raum von einem Kilogramm Wasser bei $14°$ R d. s. $17,5°$ C. Es ist jetzt allgemein durch das sogenannte wahre Liter ($+ 4°$) ersetzt. Das Liter differiert vom Kubikdezimeter Wasser um 27 Milligramm (1 ml $= 1,000027$ cm^3). Wenn auch diese kleine Differenz in den meisten Fällen vernachlässigt werden kann, so ist sie doch zum Beispiel bei der Dichte, einer der wichtigsten Eigenschaften der Stoffe, von Bedeutung. Aus diesem Grunde wurde international das Milliliter (ml) und nicht das Kubikcentimeter (cm^3) als Rauminhaltsbezeichnung gewählt.

Da die Justierung jedoch bei Normaltemperatur $+ 20°$, nicht bei $+ 4°$ ausgeführt wird, muß beim Auswägen mit bestimmten Gewichtszulagen gearbeitet werden. Diese sind aus den von der Physikalisch-Technischen Reichsanstalt ausgearbeiteten Tabellen zu entnehmen. Es ist selbstverständlich, daß alle diese Wägungen unter Berücksichtigung des Luftauftriebes, also des Barometerstandes und der Lufttemperatur, ausgeführt werden müssen. Auch hierfür sind Tabellen vorhanden.

In der Praxis der Glasindustrie ist es natürlich nicht möglich, jedes Gerät besonders auszuwägen. Für Wasser als Meßflüssigkeit bedient man sich ausgewogener Pipetten mit selbsttätiger Nullpunkteinstellung. Für

Geräte unter 100 ml verwendet man Quecksilber als Meßflüssigkeit und als Meßgefäße Pyknometer. Es ist natürlich erforderlich, beim Abmessen die allgemeinen Bedingungen für Temperatur und Wartezeit genau einzuhalten. Besonders müssen die Urmaße saubergehalten werden, damit das Wasser stets glatt abläuft. Hierzu ist es erforderlich, das Wasser und die Glasoberfläche fettfrei zu halten. Erforderlichenfalls werden die Meßgefäße mit Chromschwefelsäure gereinigt. Bewährt hat sich auch folgende Reinigungsmethode: Man füllt die Gefäße mit einer Lösung von Kaliumpermanganat und setzt sie gefüllt dem Sonnenlichte aus. Nach einigen Tagen bildet sich auf der Glasoberfläche ein festhaftender Beschlag von Braunstein. Nach Ausgießen des Restes der Flüssigkeit, die unter Lichtschutz aufbewahrt lange haltbar ist, wird das Gerät mit dem Beschlag bis zum Gebrauch trocken aufbewahrt. Vor Gebrauch wird das Gerät mit etwas konzentrierter Salzsäure ausgespült. Es entwickelt sich hierbei auf der Glasoberfläche Chlor, das in statu nascendi Fett und andere organische Verunreinigungen zerstört.

Wichtig ist es natürlich, daß das verwandte Wasser und Quecksilber rein sind. Als Wasser dient destilliertes Wasser, dem man zum Schutze gegen Algenvermehrung einige Tropfen Silbernitrat zusetzt. Das Quecksilber reinigt man für diese Zwecke, bei denen ein Gehalt an Edelmetallen nicht stört, in der Weise, daß man einige Stunden einen Luftstrom, der in einer Waschflasche mit konzentrierter Salzsäure mit Chlorwasserstoff versetzt ist, hindurchsaugt. Durch Erhitzen kann diese Reinigung beschleunigt werden. Die Verunreinigungen sammeln sich an der Oberfläche an und können abfiltriert werden.

Das gleiche erreicht man, wenn Quecksilber durch verdünnte Salpetersäure (5%) oder konzentrierte mit Mercurosulfat versetzte Schwefelsäure tropft. Bei dem vom Verfasser [12] angegebenen Apparat ist das Rohr mit Einkerbungen versehen; die Quecksilbertröpfchen springen von Stufe zu Stufe kaskadenförmig durch die Salpetersäure, so daß die Oberfläche ständig erneuert und die Entfernung unedler Metalle beschleunigt wird. Edelmetalle, die in den seltensten Fällen stören, können nur durch Destillation entfernt werden. Destillation allein genügt aber nicht, um unedle Metalle z. B. Zink zu entfernen, da sie mit dem Quecksilber übergehen.

Ist das Wasser oder das Quecksilber luftfrei in das zu justierende Gefäß eingefüllt, so wird bei Wasser der tiefste, bei Quecksilber der höchste Punkt des Meniskus mit Tusche angezeichnet. Dies geschieht mit einem Pinsel oder besser mit einem feinen Glasfaden. Die Parallaxe vermeidet man durch einen Spiegelstreifen hinter dem Gerät. Sehr bewährt hat sich hierzu ein Ablesemikroskop.

Soll das zu justierende Gerät im Gebrauch an einer anderen Stelle des Meniskus abgelesen werden, oder wird statt Quecksilber Wasser, oder umgekehrt, verwandt, so ist eine besondere Korrektur erforderlich. In vielen Fällen handelt es sich um Differenzablesungen, so daß sich dieser Fehler eliminiert.

Bei Büretten ist zu berücksichtigen, daß der Benetzungsfilm bei der von der Eichordnung vorgeschriebenen Wartezeit sich nicht gleichmäßig über die ganze Länge des Rohres verteilt, sondern unten dicker als oben ist. Eine lineare Teilung ist daher auch bei KPG-Rohren nicht richtig. Es müssen vielmehr beim Justieren von Messung zu Messung besondere Zulagen für diesen Benetzungsrückstand gemacht werden. Aus dem gleichen Grunde ist es auch falsch, die Bürette nach jeder Titration nicht wieder auf den Nullpunkt einzustellen.

Die auf die geschilderte Weise justierten Geräte werden mit Bienenwachs überzogen. Dieses Wachs soll dabei nicht heißer als etwa 200° werden, da es bei höherer Temperatur zu dünnflüssig ist und zu schnell seine Durchsichtigkeit verliert. Das letztere ist aber sehr wichtig, da die Tuschemarken durch die Wachsschicht sichtbar bleiben müssen.

Die Geräte werden nun mittels mehr oder weniger mechanisierten Teilmaschinen graduiert. Hierbei ist es von ausschlaggebender Bedeutung, daß der Stichel genau auf die Tuschemarken eingesetzt wird.

Nach der Graduierung wird die Beschriftung, heute fast ausschließlich mittels Pantographen, aufgebracht. Ein Teilen und Schreiben auf der gleichen Maschine hat sich nicht einführen können.

Dann wandern die Geräte in den Ätzraum, der mittels Ventilator und Abzug gut gelüftet werden muß. Die von den Sticheln der Teilmaschinen und Pantographen freigelegte Glasoberfläche wird mit einem Gemisch von Flußsäure, Schwefelsäure und Flußspat überstrichen und durch die Einwirkung der Säure geätzt. Reine Flußsäure erzeugt eine glatte Oberfläche. Die Zusätze sollen die vorübergehende Ausscheidung von Salzen, wodurch eine matte Oberfläche entsteht, begünstigen. Dann werden die Geräte in kaltes Wasser eingelegt. Das Wachs wird hierdurch spröde und kann abgestreift werden. Das Abblättern des Wachsfilms kann dadurch erleichtert werden, daß man die Glasoberfläche vor dem Wachsen mit einer Seifenlösung benetzt und nach dem Ätzen mit einem Messer einige Späne des Wachses abschabt. Das Wasser dringt dann kapillar zwischen Glas und Wachs und hebt den Wachsfilm ab. Bei kleineren Geräten kann das Wachs auch durch heißes Wasser oder Dampf abgeschmolzen werden. Das Wachs wird getrocknet und wieder verwendet. Neuerdings wird zur Entfernung der Wachsschicht auch Trichloräthylen verwandt.

Ein noch nicht einwandfrei gelöstes Problem ist das Einfärben der eingeätzten Graduierung und Beschriftung. Wenn man von der kleinen Mühe der Nachfärbung absieht, haben sich Lacke und Ölfarben immer noch am besten bewährt. Email ist, wenn weich eingestellt, auch nicht

viel haltbarer. Ist sie zu hart eingestellt, besteht die Gefahr der Volumenänderung beim Einbrennen. Das Durchätzen einer farbigen Überfangs-
schicht ist teuer.

Der Ätzer muß sich durch Gummihandschuhe und Gummischürze
und durch gute Ventilation des Ätzraumes vor den Einwirkungen der
Flußsäure schützen. Verätzungen mit Flußsäure sind sehr schmerzhaft
und können bei stärkerer Einwirkung zu Nekrose der Gewebe führen.
Als Gegenmittel haben sich die Behandlung mit Natriumbikarbonat oder
eine Sandozinjektion bewährt. Lungentuberkulose ist bei Ätzern nicht
beobachtet worden. Die Empfindlichkeit gegen Quecksilberdämpfe ist
individuell sehr verschieden. Es sind Fälle bekannt, in denen Justierer
in einer Zeit, als die Giftigkeit des metallischen Quecksilbers noch nicht
bekannt und das Quecksilber wohlfeil war, ihr ganzes Leben ohne Schaden mit Quecksilber gearbeitet haben. In einem Falle tat dies ein Arbeiter 64 Jahre lang und ist erst im Alter von 99 Jahren gestorben. Es sind
jedoch auch Fälle bekannt, in denen Justierer schon in jungen Jahren
arbeitsunfähig geworden sind. Wenn auch kein Anlaß zu der vor einigen
Jahren aufgetretenen panikartigen Furcht vor dem Quecksilber besteht, so sollten doch alle gewerbepolizeilich vorgeschriebenen Vorsichts-
maßnahmen gewissenhaft eingehalten werden. Überempfindliche Per-
sonen müssen rechtzeitig den Beruf wechseln. Ganz besonders gefährlich
ist das in kleinen Betrieben noch geübte Auskochen der Thermometer,
das in der Hausindustrie oft noch am Küchenherd im Kreise der Familie
geschah, und das Nachblasen von mit Quecksilber vorgemessenen Pyknometern. In allen Fällen hilft größte Sauberkeit und Blasen durch Filter
aus Goldblatt oder Jodkohle.

Zum Nachweis von Quecksilberdämpfen in Luft wird neuerdings ein
besonders präpariertes Selenpapier empfohlen.

Als prophylaktisches Mittel gegen Quecksilbervergiftung gilt das
Einnehmen von Schwefelblüte.

III. Glasapparatekunde

1. Einleitung

Es ist die vornehmste Aufgabe der chemisch-technischen Glasindustrie, Wissenschaft und Technik mit hochwertigen Werkzeugen zu versehen. Dabei gilt der allgemeine wissenschaftliche Grundsatz, daß die Ansprüche an diese Geräte nur soweit getrieben werden dürfen, als es die Genauigkeit der Methode, für die sie bestimmt sind, erfordert. Höhere Ansprüche zu stellen, ist Verschwendung, die wir uns heute nicht mehr leisten können. Bei Meßgeräten z. B. müßten durchweg zwei Genauigkeitsstufen genormt und es dem Verbraucher überlassen werden, welche der beiden der Genauigkeit seiner Methode entspricht. Als Beispiel sei die Normung von Weit- und Enghalskolben genannt. Der Weithalsmeßkolben entspricht etwa der Genauigkeit der Büretten, genügt also für titrimetrische Methoden. Der Enghalsmeßkolben ist für gravimetrische Analysen vorgesehen, für welche die größtmögliche Meßgenauigkeit erforderlich ist.

Die vorliegende Auswahl ist den DIN-Normen und den Preislisten der Firma Greiner & Friedrichs G.m.b.H. Stützerbach in Thüringen 1935 und 1939 entnommen. Diese Listen sind jetzt die Grundlage für Laboratorien des In- und Auslandes geworden, obwohl die Firma selbst in der Ostzone gelöscht ist.

Da weitaus die meisten im chemischen Laboratorium benötigten Apparaturen aus den allgemein bekannten Einheitsschliffelementen zusammengesetzt werden können, sollen hier in erster Linie nur die Geräte besprochen werden, die entweder keine Schliffe besitzen oder als Spezialgeräte anzusprechen sind. Der Rahmen dieses Buches zwingt zu einer Beschränkung auf die gebräuchlichsten Geräte.

2. Kochgeräte

Bei Kochgeräten sind die folgenden Gesichtspunkte zu berücksichtigen:

1. Art und Größe der chemischen und thermischen Beanspruchung.
2. Form des Gerätes.
3. Wanddicke.
4. Wärmestoßfestigkeit des Glases.

Die Art und Größe der Beanspruchung richtet sich nach dem Zweck, dem das Gerät dienen soll. Auch hier wäre es unwissenschaftlich, höhere Ansprüche zu stellen, als es die Methode erfordert. Die Anforderungen, die an Glas als Werkstoff für chemische Laboratoriumsgeräte gestellt werden müssen, sind im Abschnitt 2 des ersten Teiles eingehend dargestellt.

Für die Wärmestoßfestigkeit ist die Form der Geräte von ausschlaggebender Bedeutung. Die günstigste Form ist die Kugel, also der Rundkolben. Dann folgt der Zylinder als Rohr. Gefäße mit flachem Boden sind erheblich weniger widerstandsfähig, um so weniger, je größer die Bodenfläche ist. Während Rundkolben ohne Bedenken über offener Flamme erhitzt werden können, empfiehlt sich bei Kolben mit flachem Boden eine Drahtnetzunterlage. Wichtig ist, daß der Übergang von der Bodenfläche zur Gefäßwand unter einem möglichst großen Krümmungsradius erfolgt. Scharfe Kanten sind nicht nur gegen thermischen, sondern auch gegen mechanischen Stoß sehr empfindlich.

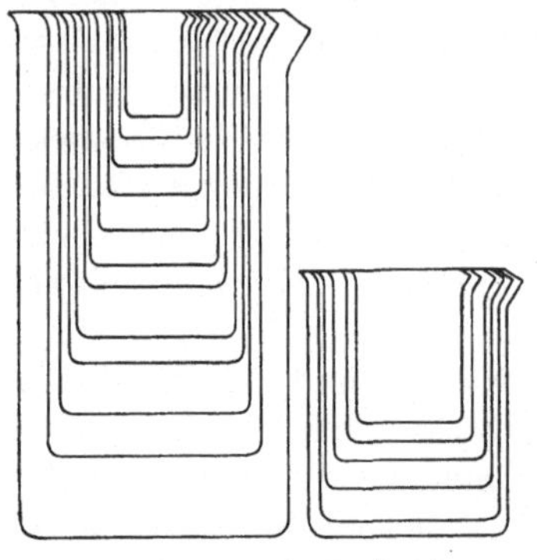

Abb. 51. Genormte Bechergläser

Die Wanddicke der Kochgeräte soll so klein sei, wie es die mechanische Beanspruchung zuläßt. Ihre obere Grenze findet sie in der Wärmestoßfestigkeit des Glases. Wesentlich ist die Gleichmäßigkeit der Wanddicke an den Stellen, die mit der Flamme in Berührung kommen, also am Boden.

Auch die Vakuumfestigkeit hängt sehr von der Kolbenform ab. Rundkolben sind unbeschränkt vakuumfest, Stehkolben nur bei kleiner Bodenfläche, Erlenmeyerkolben implodieren dagegen.

Bechergläser wurden in einer hohen, einer mittleren (Thüringer) und einer niedrigen (Griffin-) Form, ferner in einer konischen (Phillips) Form hergestellt. Genormt ist die mittlere Form als hohe Form (DIN 12331) in Größen von 25 bis 3000 ml und die niedrige Form (DIN 12332) in Größen von 100 bis 2000 ml (Abb. 51). An Stelle der konischen Form ist ein Weithals-Erlenmeyerkolben genormt (DIN 12385). Während früher die Abmessungen der Bechergläser nur von der Rücksicht auf Senkung der Verpackungskosten in ineinandergesteckten Sätzen bestimmt waren, legt die Normung mehr Wert auf den Inhalt. Nach einigen anfänglichen Schwierigkeiten ist es gelungen, beiden Anforderungen gerecht zu werden. Als Nennmaß gilt der Vollinhalt. Früher waren durchlaufende Nummern gebräuchlich, die zu unrationellen Bezeichnungen wie 00 usw. führten. Hohe Bechergläser sind mit und ohne Ausguß genormt, niedrige nur mit Ausguß. Der Ausguß sollte in einem Winkel von etwa 30° zur Wand geneigt sein. Das Normblatt gibt keine Maße hierfür. Bechergläser mit zwei Ausgüssen sind für die Auflage des Glasstabes sehr praktisch, erschweren jedoch die Verpackung in Sätzen. Um das Dekantieren zu erleichtern, brachten die Vereinigten Stahlwerke Bechergläser mit 2 Ausgüssen und einer Einkerbung über dem Boden in Vorschlag, die den Niederschlag zurückhält; zur Überführung des Niederschlags aufs Filter muß schließlich das Becherglas um seine Achse gedreht werden.

Sämtliche Kolben wurden mit eingeblasenen Stopfenbetten genormt, die so dimensioniert sind, daß sie nicht nur zu den üblichen Kork- und Gummistopfen passen, sondern auch zu Normalschliffen ausgeschliffen werden können.

Langhals-Rundkolben sind in Größen von 25 ml bis 10 l mit ungeschliffenem Stopfenbett (DIN 12345) und bis 2 l mit Schliffbett (DIN 13346) genormt.

Enghalsige Kurzhals-Rundkolben von 25 ml bis 10 l Inhalt haben ein ungeschliffenes Stopfenbett (DIN 12351) und bis 2 l Inhalt ein Schliffbett (DIN 12352).

Weithalsige Kurzhals-Rundkolben sind von 50 ml bis 10 l mit ungeschliffenem Stopfenbett (DIN 12355) und bis 750 ml Inhalt mit Schliffbett (DIN 12356) genormt.

KJELDAHL-Kolben (DIN 12360) tragen ein Stopfenbett. Da diese Kolben wegen des langen engen Halses schwierig einzublasen sind, empfiehlt es sich, die KJELDAHL-Kolben mit glattem Hals zu liefern und erforderlichenfalls das Schliffbett nachträglich anzubringen.

Die Normung unterscheidet Fraktionier- und Destillierkolben, je nachdem das Seitenrohr hoch (DIN 12362) oder tief (DIN 12364) angesetzt ist. Das Stopfenbett erhöht zwar die Festigkeit des Halsrandes, ist aber entbehrlich, da an dieser Stelle kein Schliff angebracht wird. Fraktionier- und Destillierkolben werden in Größen von 25 bis 1000 ml gefertigt.

Langhals-Stehkolben sind in den Größen von 50 ml bis 10 l mit ungeschliffenem Stopfenbett (DIN 12370) und mit Schliffbett bis 2 l (DIN 12371) genormt.

Enghalsige ERLENMEYER-Kolben sind in den Größen von 25 ml bis 3 l mit ungeschliffenem Stopfenbett (DIN 12380) und mit Schliffbett (DIN 12381) genormt.

Der als hydraulischer Verschluß gedachte Kragen am Schliffrand stammt aus einer Zeit, in der man noch nicht verstand, Schliffe mit zuverlässiger Passung herzustellen. Wenn die Toleranzen der Normung eingehalten werden, ist der Kragen überflüssig; er wird auch kaum noch verlangt.

Weithalsige ERLENMEYER-Kolben haben von 100 bis 1000 ml Inhalt ein ungeschliffenes Stopfenbett (DIN 12385) und bis 500 ml Inhalt ein Schliffbett (DIN 12386).

Kurzhals-Stehkolben (Extraktions-Kolben) (DIN 12375 und 12376) haben für alle Größen von 50 bis 2000 ml Inhalt ein einheitliches Stopfenbett.

Dreihals-Rundkolben (DIN 12391) sind mit ungeschliffenem Stopfenbett in Größen von 500 ml bis 10 l genormt.

Abb. 52. Rundkolben gleicher Bauhöhe

Abb. 53. Stehkolben gleicher Bauhöhe

Um die allgemeine Austauschbarkeit von Aufsätzen mit Tauchrohren zu gewährleisten, sieht das Normenblatt 12393 Kolben mit der einheitlichen Bauhöhe von 200 mm vor, und zwar für Rundkolben (Abb. 52) von 100 ml bis 2 l, für Stehkolben (Abb. 53) von 250 ml bis 2 l, für ERLENMEYER-Kolben (Abb. 54) von 500 ml bis 1 l und für Dreihals-Rundkolben (Abb. 55) von 500 ml bis 1 l.

Die Dreihalskolben tragen entweder einheitlich den Schliff NS 29 oder als Haupthals NS 29, als Nebenhälse NS 14,5.

Die Hälse der Dreihals-Rundkolben stehen zweckmäßig parallel zueinander, um genügend Raum für den Rührer zu behalten.

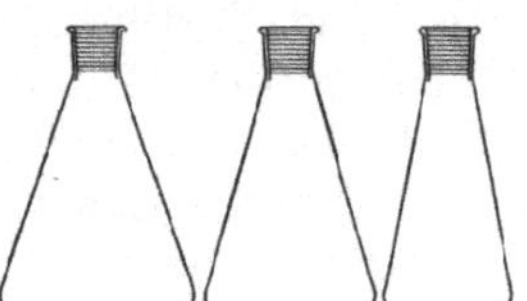

Abb. 54.
Erlenmeyerkolben gleicher Bauhöhe

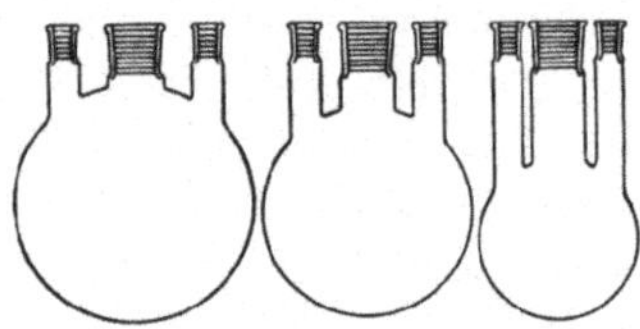

Abb. 55.
Dreihalskolben gleicher Bauhöhe

Ist der Raum außen beschränkt, zum Beispiel, wenn Destillierkolonnen aufgesetzt werden sollen, so ist es vorteilhaft, die Seitenhälse um etwa 45° zueinander zu neigen. In diesem Falle werden die Mittelhälse häufig mit Kugelschliffen ausgestattet.

Reagenzgläser (DIN 12395) sind in Größen vom Außendurchmesser 8 bis 40 mm und der Länge von 70 bis 200 mm genormt.

Die Ansichten, ob an den Kolben der Kleinapparatur ein flacher oder kegelförmiger Boden günstiger ist, gehen stark auseinander. In Kolben mit flachem Boden ist dank der geringen Schichthöhe und der großen

Oberfläche der Flüssigkeit das Sieden ruhiger als in den sogenannten Spitzkolben. Diese haben jedoch den Vorteil, daß die Substanz fast vollständig überdestilliert werden kann (Abb. 56).

Für mikrochemische Arbeiten haben sich die Spitzröhrchen nach GORBACH vorzüglich bewährt.

Abb. 56.
Kolben mit Flach- und Spitzboden

3. Flaschen

Reagenzienflaschen sind mit steiler Brust genormt, da diese das Ausgießen erleichtert. Sie sollen in erster Linie als Standflaschen im Laboratorium Verwendung finden. Andere Voraussetzungen gelten für Verpackungsflaschen, die meist mit Schraubverschlüssen, seltener mit Schliffstopfen verlangt werden.

Eng- und Weithals-Reagenzienflaschen werden in den Größen von 10 ml bis 20 l sowohl mit ungeschliffenem Stopfenbett als auch mit Schliffbett geliefert. Schriftflaschen sind von 100 bis 1000 ml Inhalt mit den gebräuchlichsten Aufschriften genormt (DIN 12465/66).

Bei der Wahl der Stopfenform, ob Deckel- oder Griffstopfen, mußte beachtet werden, daß die bewährten Glasstopfenzieher (Abb. 12 u. 14) angesetzt werden können. Dies ist nur bei Deckelstopfen möglich. Zur Unterscheidung der austauschbaren von den nichtaustauschbaren Stopfen wurden die ersten mit Achtkantdeckelstopfen genormt (DIN 12251), während die letzten den kreisförmigen Deckel behielten (DIN 12252). Die Kanten der Deckel müssen abgerundet sein, damit sie Kunststoffkappen nicht durchscheuern. Diese Deckelstopfen werden bis NS 29 massiv, darüber halbhohl hergestellt. Eine Kopflastigkeit durch den massiven Stopfen ist nur bei leeren Meßkolben störend. Für Meßkolben werden deshalb von einigen Verbrauchern hohle, vor der Lampe gefertigte Stopfen vorgezogen. Aus Gründen der Zerbrechlichkeit sollten diese Stopfen nur mit kreisförmigem Deckel hergestellt werden. Der oft verlangte Sechskantdeckel ist in Anbetracht der fabrikatorisch bedingten Dünnwandigkeit und der Stoßempfindlichkeit der Kanten unzweckmäßig, da er doch nicht mit einem Schraubenschlüssel bearbeitet werden kann.

Tubusflaschen (Abklärflaschen) sind mit Stopfenbett und mit Schliffstopfen in den Größen 100 ml bis 10 l genormt worden (DIN DENOG 37). Der Bodentubus soll einheitlich mit NS 29 versehen werden.

Dreihalsflaschen (Flaschen nach WOULFF oder WULFE) (DIN E 12480) werden in den Größen 1 bis 20 l sowohl mit ungeschliffenem als auch mit geschliffenem Stopfenbett hergestellt. Aus glastechnischen

Gründen ist es vorteilhaft, bei den großen Flaschen den Mittelhals weiter als die Seitenhälse auszuführen. In ähnlichen Abmessungen sind auch die Dreihalsflaschen mit Bodentubus genormt worden (Abb. 57) (DIN 12480).

Die Gefäße für Gaswaschflaschen nach DRECHSEL werden für sämtliche Größen von 100, 250, 500, 1000 und 2000 ml Inhalt in gleicher Bauhöhe von 200 mm und mit einheitlichem Schliffbett NS 29 ausgeführt.

Bei größeren Substanzmengen und Drucken nicht über 2 atü verwendet man an Stelle der Bombenrohre (Abb. 50) größere Druckgefäße. Ursprünglich benutzte man Sektflaschen, die man fest verkorkte und mit einer Drahtligatur versah. Schwierig und nicht ungefährlich ist das Öffnen dieser Flaschen nach dem Versuch, wenn unvorhergesehene Gasentwicklung einen Überdruck entstehen läßt. Man könnte diese Gefäße vor dem Öffnen mit festem Kohlendioxyd oder flüssiger Luft abkühlen, wie man

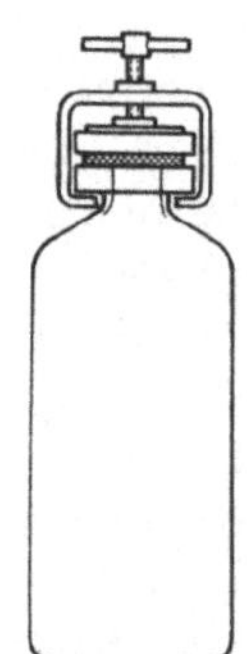

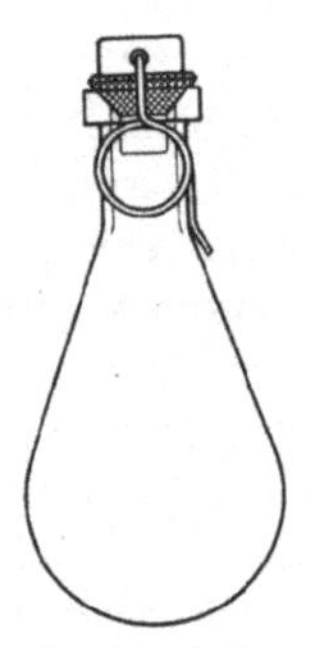

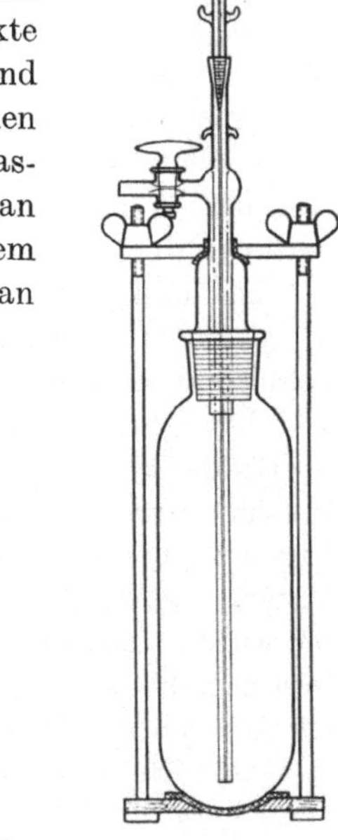

Abb. 57.
Dreihalsflasche
mit Bodentubus

Abb. 58.
Druckflasche
mit Planschliff

Abb. 59. Druckflasche
mit Drahtbügel-
verschluß

Abb. 60. Druckflasche
mit Kegelschliff und
Gaseinleitungsrohr

es bei quantitativen Aufschlüssen in Bombenrohren zu tun pflegt. Meist wird man aber eine einseitige geschlossene Kapillare in den Stopfen einsetzen, durch die man den Überdruck wie bei Bombenrohren nach Erhitzen des geschlossenen Kapillarendes bis zum Erweichen abblasen läßt.

Um den Kork auszuschalten, hat man Gummischeiben zwischen Planschliffe eingelegt (Abb. 58) oder Verschlüsse gewählt, die den von Mineralwasserflaschen ähnlich sind, aber bei zu hohen Drucken als Sicherheitsventile wirken. Wenn die Verschlüsse so gebaut sind, daß sie leicht abgenommen werden können, sind diese Flaschen für analytische Fällungen in der Hitze z. B. mit Schwefelwasserstoff sehr vorteilhaft (Abb. 59).

Werden Kork und Gummi angegriffen, so muß man Schliffe zum Abdichten einsetzen. Um die Querschnittsbelastung der Schliffe nicht zu groß werden zu lassen, wählt man solche mit möglichst engem Durchmesser, keinesfalls über NS 29. Durch entsprechende Schellen mit Feder- oder Gummidämpfung werden diese Schliffe fest in Stellung gehalten.

Oft ist es erforderlich, z. B. bei Hydrierungen, ein Gas unter Druck einzuleiten. Hierfür kann der Stopfen mit einem kapillaren Stutzen versehen werden (Abb. 60). Bei Verwendung von Glas oder Stahlwendeln ist es möglich, das Reaktionsgefäß zu schütteln.

4. Schalen, Dosen und Wägegläser

Durch Normung ist es gelungen, alle Schalen und Dosen unter einen Hut, beziehungsweise unter einen Deckel, zu bringen. Ausgegangen wurde hierbei von den Petrischalen, da deren Maße nicht ohne Schwierigkeiten geändert werden können. Die Durchmesser aller anderen Schalen wurden so umgestellt, daß die Ober- oder Unterteile der Petrischalen als Deckel Verwendung finden können.

Zylindrische Schalen (DIN 12335, 12340, 12342) werden mit und ohne Falz in Größen von 35 bis 240 mm Durchmesser hergestellt und dienen mit den entsprechenden Petrischalen als Dosen mit losem Deckel.

Abdampfschalen haben halbkugelige Form mit Boden und Ausguß (DIN 12336) und sind dünnwandig in Größen von 40 bis 230 mm Durchmesser genormt. Die Ränder sollen verschmolzen sein, um sie weniger bruchempfindlich zu machen.

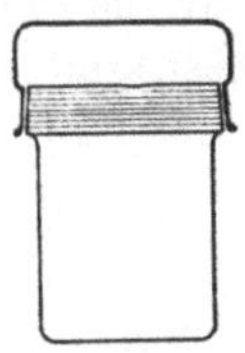

Abb. 61.
Wägeglas mit
Normschliff-
kappe

Kristallisierschalen ohne Ausguß (DIN 12337) sind in den Größen von 40 bis 230 mm Durchmesser genormt.

Kristallisierschalen mit Ausguß haben die gleichen Abmessungen (DIN 12338).

Petrischalen (DIN 12339) sind in den gebräuchlichsten Abmessungen von 40 bis 240 mm Durchmesser genormt. Sie unterscheiden sich von den Kulturschalen nach KOCH durch geringere Höhe und tiefer herabreichenden Deckel.

Uhrglasschalen (DIN 12341) dienen in erster Linie zum Bedecken von Bechergläsern und Abdampfschalen. Ihre Abmessungen sind daher auf diese eingestellt.

Mit austauschbarem, aufgeschliffenem Deckel werden Dosen in leichter Ausführung als Wägegläser verwendet. Den Wägegläsern mit eingeschliffenem Stopfen gegenüber haben sie Vorteile (Abb. 61). Der Schliff verschmutzt nicht beim Ausschütten, da er ein Außenschliff ist. Der Innenraum kann vollständig ausgenutzt werden. Die Oberfläche ist glatt. Sie werden in zwei Höhen, einer hohen und einer niederen

Form hergestellt von 13 bis 80 mm Durchmesser und 30 bis 95 mm Höhe. Für Glühschiffchen ist eine Ausführung mit einem Durchmesser von 13 mm und einer Länge von 70 mm mit Füßchen vorgesehen. Genormt sind Wägegläser bisher nur mit Stopfen, nicht wie die oben genannten mit Kappe (DIN 12605/06). Für Flüssigkeiten haben sich die Wägepipetten nach LUNGE-REY bewährt.

Leichtflüchtige Flüssigkeiten schmilzt man in dünnwandige Kugeln ein, die man nach der Wägung im Reaktionsgefäß zertrümmert.

Für Schnellbestimmung von Wasser und anderen flüchtigen Lösungsmitteln in viskosen Emulsionen hat sich das Planwägeglas von HEIDEBRINK bewährt.

5. Filtriergeräte

Trichter sind in 2 Ausführungen genormt worden: der gewöhnliche Filtrier- und Abfülltrichter (DIN 12445) in den Größen 40 bis 300 mm Durchmesser, und der Bunsentrichter (DIN 12446) mit 40 bis 150 mm Durchmesser. Damit zur Erhöhung der Filtriergeschwindigkeit der Trichterstiel mit dem Filtrat gefüllt bleibt und saugend wirkt, haben Bunsentrichter, die ausschließlich analytischen Zwecken dienen, einen engen und langen Stiel. Der Kegelwinkel soll 60° mit einer Minustoleranz betragen, damit die Filter an ihrem oberen Rand anliegen. Weit und kurz ist der Stiel bei Trichtern, die zum Abfüllen pulverförmiger Stoffe bestimmt sind.

Trichter mit eingepreßten Rillen beschleunigen den Ablauf des Filtrates. Solche Rillen oder Rippen sind jedoch nur wirksam, wenn der Filterrand am Trichter anliegt.

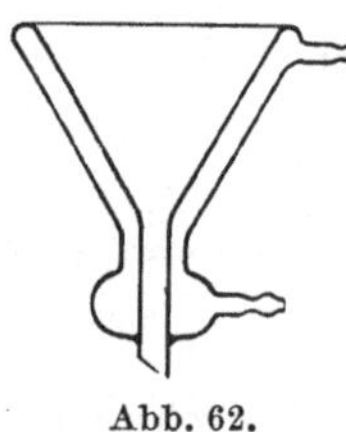

Abb. 62.
Heiztrichter
nach FRIEDRICHS

Zum Filtrieren unter vermindertem Druck verwendet man für präparative Zwecke meist Porzellannutschen (Büchnertrichter), für analytische Zwecke Goochtiegel oder Filtertiegel mit porösem Boden. Zur Verbindung dieser Filtertiegel mit der Saugflasche wird ein Vorstoß mit Gummimanschette verwendet, für den noch keine Normen vorliegen.

Zur Filtration heißgesättigter Lösungen zwecks Umkristallisieren verwendet man Heiztrichter aus Metall, heizbare Porzellannutschen oder den vom Verfasser [13] angegebenen doppelwandigen Glastrichter (Abb. 62).

Das Filtrat pflegt man in Bechergläsern oder Erlenmeyerkolben und bei größeren Flüssigkeitsmengen in Filtrierstutzen aufzufangen, die bis zu einem Inhalt von 20 l geliefert werden.

Zur Filtration unter vermindertem Druck dienen Filtrierflaschen (DIN 12475) als Vorlagen (Abb. 63). Diese sind bis 1000 ml Inhalt in

Erlenmeyerform genormt; darüber hinaus wegen der Vakuumsicherheit in Karaffenform. Um das Filtrat in einem Becherglas auffangen zu können, was für analytische Arbeiten günstiger ist, hat sich der WITTsche Topf (DIN E 12 492) bewährt (Abb. 64). Auf Vorschlag des Verfassers [14] wurde der Schlauchstutzen an Saugflaschen und am WITTschen Topf durch einen Stopfenstutzen oder einen Schlifftubus (NS 19) ersetzt, da der Schlauchstutzen im Gebrauch leicht abgestoßen wird und dadurch die Filtriergeräte unbrauchbar werden. Diese Anregung hat sich gut eingeführt. Die Saugflaschen werden mittels Vakuumschlauch an

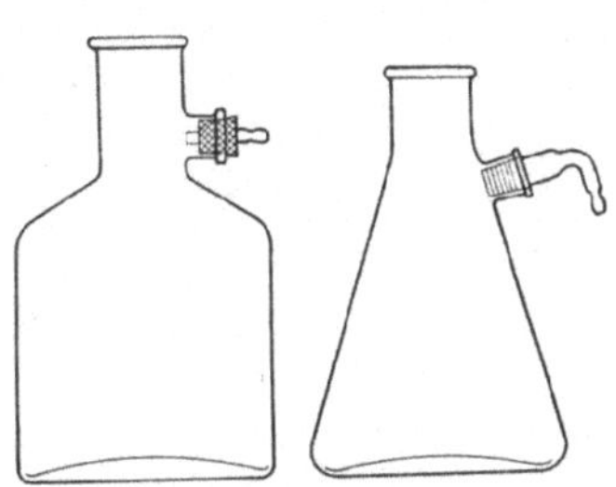

Abb. 63.
Filtrierflasche mit seitlichem Tubus

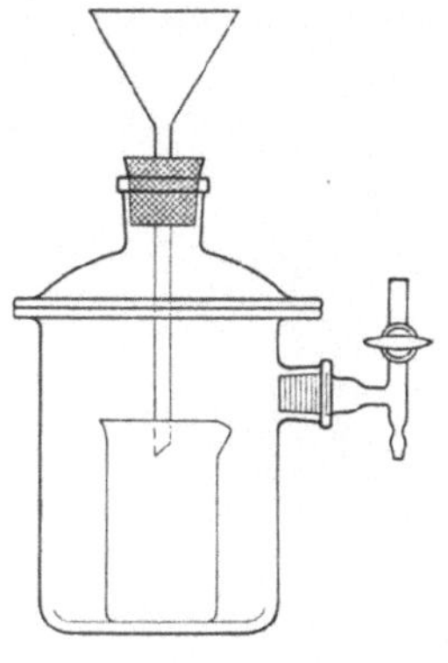

Abb. 64.
Filtrierapparat nach WITT

die Wasserstrahlluftpumpe angeschlossen. Zur Schonung dieser Schläuche und zur Erleichterung ist es praktisch, in den Vakuumschlauch eine NS-Kupplung einzuschalten (Abb. 3). Der Vakuumschlauch kann aber auch direkt in den weiten Tubus eingesteckt werden.

Eine große Bedeutung für die analytischen Arbeiten haben Glasfilter-tiegel mit porösen Glasplatten erlangt, die bei Einhaltung bestimmter Bedingungen mit konstanter Porenweite im Bereich von 3—200 μ liefer-bar sind. Aus widerstandsfähigem Glas hergestellt, weisen sie eine sehr geringe Hygroskopizität auf und sind gegen Säurelösungen beständig. In Mantelrohre eingeschmolzen dienen diese Glasfritten nicht nur zur Filtration, sondern auch zur Gasverteilung in Flüssigkeiten und zur Ver-teilung nichtmischbarer Flüssigkeiten ineinander.

Eine besondere Art der Filtration ist die Dialyse, durch die Kolloide von Elektrolyten getrennt werden. Diese Trennung erfolgt durch halb-durchlässige Wände natürlichen oder künstlichen Ursprunges. Die halb-durchlässigen Membranen werden in Form von Blättern oder Schläuchen verwendet, die in Wasser eingehängt oder von Wasser bespült werden. Durch mechanisches Rühren kann dieser Prozeß wesentlich beschleunigt werden. Will man den Elektrolyten gewinnen, so läßt man das Lösungs-mittel wie in einem Extraktionsapparat umlaufen.

6. Gasbehälter

Gasbehälter haben den Zweck, ein Gas aufzufangen und aufzubewahren. In den meisten Fällen dient als Sperrflüssigkeit Wasser, Salzlauge, Öl, Quecksilber. Soll das Gas nicht mit einer Flüssigkeit in Berührung kommen, so verwendet man evakuierte Glasröhren, die entweder mit Hähnen versehen sind oder abgeschmolzen werden.

Der älteste und gebräuchlichste Gasbehälter für größere Gasmengen ist der Gasbehälter nach BERZELIUS, der ganz aus Glas oder mit aufgekitteten Metallarmaturen gefertigt wird. Sein Nachteil, daß im Laufe der Gasentnahme der Gasdruck abnimmt, also ständig nachreguliert

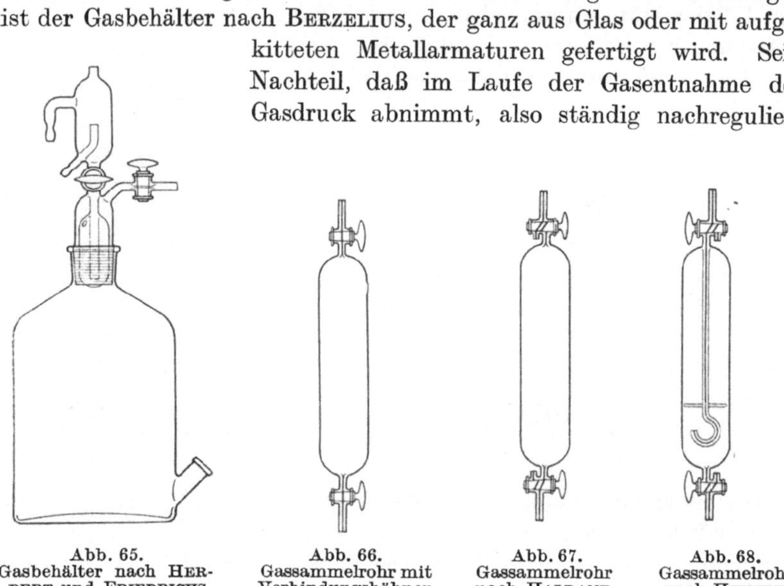

Abb. 65.	Abb. 66.	Abb. 67.	Abb. 68.
Gasbehälter nach HER-BERT und FRIEDRICHS	Gassammelrohr mit Verbindungshähnen	Gassammelrohr nach HALDANE	Gassammelrohr nach HUNTLY

werden muß, ist beim Gasbehälter nach HERBERT und FRIEDRICHS [15] vermieden (Abb. 65). Soll ein Luftstrom von konstantem Druck verwandt werden und will man das wiederholte Neufüllen vermeiden, so ist der Aspirator nach FRIEDRICHS [16] sehr geeignet.

Gasbehälter nach dem Glockenprinzip brauchen wenig Sperrflüssigkeit, haben sich daher in kleineren Abmessungen für Quecksilber bewährt.

Gassammelröhren (DIN E 12473) dienen zur Entnahme und zum Transport von Gasproben für die Analyse. Ihre Abmessungen sind daher so gewählt, daß das Gas für eine oder mehrere Gasanalysen genügt (Abb. 66). Der Inhalt soll also 125, 250, 500 ml betragen. Zum Sammeln und Aufbewahren von Gasproben für exakte Gasanalyse über Quecksilber sind die HALDANEschen Röhren (Abb. 67) sehr zuverlässig. Eine Weiterentwicklung der letzteren ist das HUNTLYsche Rohr [17] (Abb. 68).

7. Exsikkatoren

Exsikkatoren dienen zur Entfernung einer flüchtigen Komponente aus einem System mittels eines zweiten Systemes mit der gleichen flüchtigen Komponente, aber niedrigerer Tension durch isothermische Destillation. Ein Exsikkator wird durch eine perforierte Platte in 2 Räume geteilt; im oberen Raum wird die Feuchtigkeit abgegeben, im unteren wird sie absorbiert. Es ist daher wichtig, daß die Luft in den beiden Räumen möglichst unbehindert zirkulieren kann. Um den Trockenprozeß abzukürzen, verlegte HEMPEL wegen der geringeren Dichte der feuchten Luft das Trockenmittel in den oberen Teil des Exsikkators.

Die Umwälzung der Luft im Exsikkator wird durch Vakuum erheblich beschleunigt. Es ist daher erforderlich, daß die Exsikkatoren dem

Abb. 69. Exsikkator nach SCHEIBLER

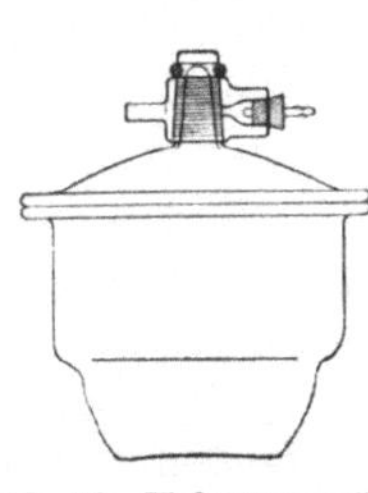

Abb. 70. Vakuumexsikkator „Wertheim“

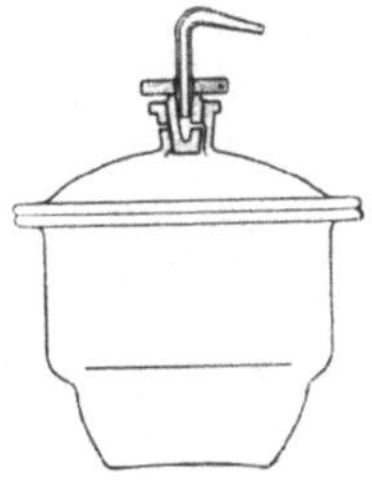

Abb. 70a. Vakuumexsikkator nach ARNOLD

Luftdruck standhalten. Bis zu den Größen von 150 mm Durchmesser bietet das keine Schwierigkeiten. Darüber hinaus sind jedoch scharfe Kanten zu vermeiden. Besonders gefährdet ist der Exsikkator nach SCHEIBLER, dessen Einschnürung sehr druckempfindlich ist (Abb. 69). Bei richtig gewölbtem Deckel bricht er nur an dieser Stelle. Der Boden ist stets vakuumsicher, da er in der Fabrikation an sich dickwandiger ausfällt.

Aus glastechnischen Gründen soll der Tubus am Deckel angebracht werden und ohne Rücksicht auf die Größe mit NS 29 ausgestattet sein. Genormt sind Exsikkatoren von 100 bis 150 mm Durchmesser in Scheiblerform, darüber hinaus in den Weiten 200, 250 und 300 mm in einer vakuumfesten Form (DIN E 12490) (Abb. 70). Die Form des sogenannten Novus-Exsikkators ist wegen der Drucksicherheit möglichst der Kugel angepaßt, was allerdings auf Kosten der Standfestigkeit geht.

Man hat versucht, den Trockenprozeß durch Heizung des Exsikkators zu beschleunigen. Das ist grundsätzlich falsch, wenn man nicht dafür Sorge trägt, daß das Trockenmittel nicht auch mit geheizt wird. In solchen Fällen ist es besser, auf das Trockenmittel überhaupt zu verzichten und die Dämpfe abzupumpen.

Die aus Röhren hergestellten Exsikkator-Hähne wurden wegen ihrer Zerbrechlichkeit durch gepreßte Hähne ersetzt. Den Anschluß des Vakuumschlauches erleichtert ein Reduzierstück, das jedoch entbehrlich ist, wenn an Stelle des verhältnismäßig dicken Saugrohres ein weiter Tubus verwandt wird, wie er sich bei Filtrierflaschen bewährt hat.

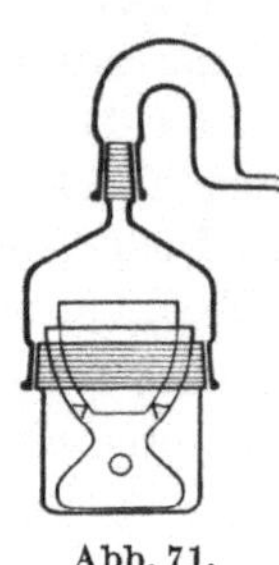

Abb. 71.
Tiegelexsikkator
nach
FRIEDRICHS

So entstand der in Abb. 70 dargestellte „Wertheimer Exsikkator". Sämtliche Größen haben am Deckel den gleichen Schliff (NS 29), so daß eine einzige Hülse für sämtliche Größen paßt. Da die Bohrung im Kern in einer Rille ausläuft, gleicht sich der Druck so allmählich aus, daß pulverförmige Substanzen nicht verstäubt werden.

Auch ARNOLD (Abb. 70a) hat eine geschickte Lösung gefunden, den zerbrechlichen Hahn der alten Modelle durch einen kompakten Verschluß zu ersetzen. Nach Absperrung des Exsikkators durch Drehung des Deckelstopfens wird das mit Schliff versehene Saugrohr, das vom Vakuumschlauch nicht gelöst wird, aus dem Exsikkatorverschluß herausgenommen und kann ohne weiteres in andere, mit der gleichen Evakuierungsvorrichtung versehene Exsikkatoren oder in den Tubus von Filtrierflaschen eingesetzt werden.

Zur Vermeidung von Unfällen bei Implosionen sollten zum mindesten die größeren Exsikkatoren auf Vakuumsicherheit geprüft werden. Trotzdem ist ein Fall bekannt geworden, daß

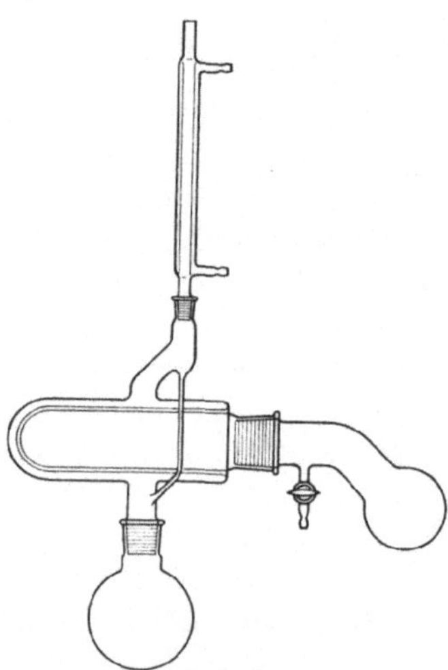

Abb. 72. Vakuum-Trockenapparat
nach ABDERHALDEN.

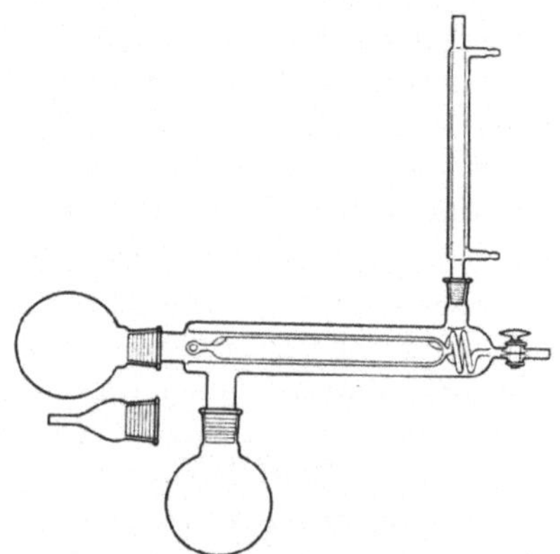

Trockenapparat nach FRIEDRICHS

ein geprüfter Exsikkator noch nach einjährigem Gebrauch implodiert ist [18]. Da das Evakuieren auf dem Prüfstand nicht genügt, weil nur eine — bekanntlich vom Barometerstand abhängige — Höchstbelastung von 1 kg/cm² erreicht werden kann, sind die Hersteller dazu übergegangen, die Prüfungsbedingungen zu verschärfen, indem die Exsikkatoren in einem Druckkessel auf 2—3 atü beansprucht werden. Trotzdem kann eine absolute Garantie für die Haltbarkeit nicht gegeben werden. Zum Schutz des Personals wird daher empfohlen, wenigstens die großen Exsikkatoren mit Polyvinyl-Hüllen oder Drahtkörben zu umgeben.

Zum Transport von Tiegeln ins Wägezimmer sind die vom Verfasser vorgeschlagenen kleinen Exsikkatoren wegen ihres geringen Gewichtes und Raumbedarf geeignet (Abb. 71). Der Normschliff entspricht einer Wägeglasgröße, und das Chlorcalciumrohr ist mit dem Schrauben-Kali-Apparat austauschbar.

Geringe Substanzmengen können bei erhöhter Temperatur im Vakuumapparat nach ABDERHALDEN getrocknet werden (Abb. 72). Die Trocknung sowohl im Vakuum als auch in einem Gasstrom kann in dem vom Verfasser [19] konstruierten Apparat geschehen (Abb. 73).

8. Glocken

Der Wunsch, die Dimensionen der Glocken den Geräten anzupassen, die bedeckt werden sollen, führte dazu, daß in den Katalogen nicht weniger als 88 Größen aufgenommen worden waren, die sowohl mit Knopf als auch mit Tubus am Scheitelpunkt geliefert wurden. Schon allein die Beschaffung der zahlreichen Einblaseformen bedeutet für die Glashütte eine untragbare Belastung. Es war daher zu begrüßen, daß man versucht hat, durch Normung die Typen zu beschränken. Genormt wurden nur Glocken mit Tubus und Planschliff von 150, 200, 300 und 400 mm Höhe, sowie 150 und 200 mm Weite. Die 400 mm hohen Glocken sind mit NS 45 ausgestattet, sämtliche übrigen Größen mit NS 29.

9. Gasentwickler

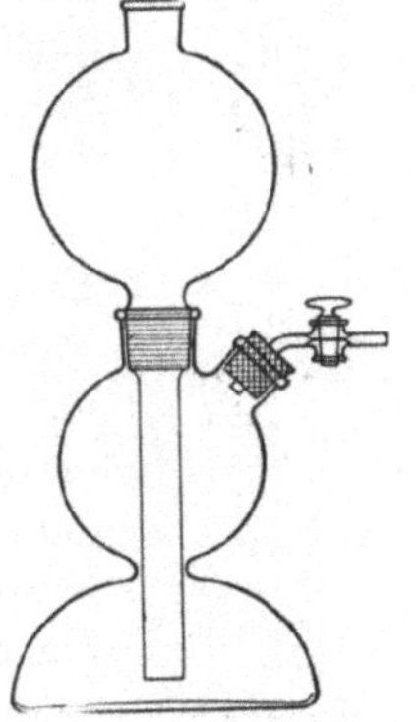

Von den zahlreichen älteren Konstruktionen hat sich nur der KIPPsche Apparat halten können (DIN 12485) (Abb. 74). Als Nennmaß gilt der Inhalt der mittleren Kugel, da diese mit dem festen Stoff gefüllt wird, also maßgebend für die Gasmenge ist. Der Schliff zwischen oberer und mittlerer Kugel soll nicht kleiner als NS 45 sein. Die obere Kugel muß so groß sein, daß sie die gesamte Säure aufnehmen kann.

Abb. 74. Gasentwickler
nach KIPP

Der Tubus am unteren Gefäß ist beim genormten Apparat mit Recht weggefallen, da er zu leicht abgestoßen wird, festsitzt oder leckt. Die

verbrauchte Säure wird daher besser durch einen Heber entfernt, den
man durch die obere Kugel bis zum Boden einführt. Dichtet man den

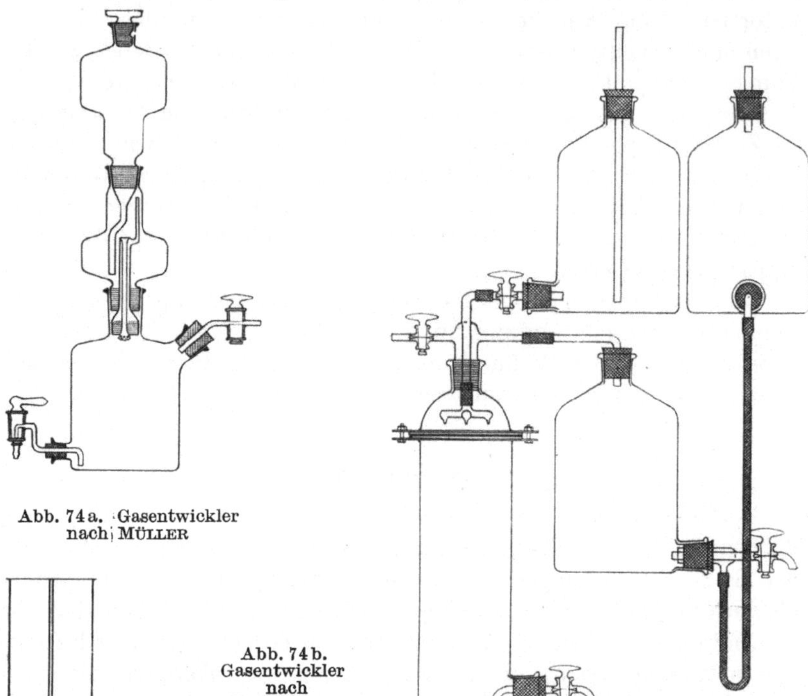

Abb. 74a. Gasentwickler
nach MÜLLER

Abb. 74b.
Gasentwickler
nach
FRIEDRICHS

Abb. 75.
Reaktionssäule
nach SEIDEL

Heber im Hals der oberen Kugel ab, so kann man ihn durch
den Gasdruck anspringen lassen, wenn man die verbrauchte
Säure nicht mittels Wasserstrahlpumpe absaugen will.
Als Auflage für das feste Material führt man in die mittlere
Kugel eine perforierte Gummiplatte ein, die das früher
übliche eingeschliffene Rohr ersetzt. Das sogenannte
Sicherheitsrohr auf der oberen Kugel hat nur Sinn, wenn
man luftfreie Kohlensäure, z. B. für die Stickstoffbestimmung nach DUMAS benötigt. Dabei ist es jedoch erforderlich, in der oberen Kugel über der Säure einen
Kohlensäureüberdruck zu halten, da sonst Luft durch
das Sicherheitsrohr eindringt, sich in der Säure löst und
so in die mittlere Kugel gelangt. PREGL wirft deshalb
einige Marmorstückchen in die obere Kugel. HEIN [20]
leitet einen Teil der entwickelten Kohlensäure durch die
obere Kugel und ersetzt das früher gebräuchliche Sicherheitsrohr durch
ein Quecksilberrückschlagventil mit Glasfritte.

Der Nachteil der KIPPschen Apparate, daß sich die verbrauchte Säure mit der frischen mischt, ist beim Gasentwickler nach McCoy dadurch vermieden worden, daß die Säure auf die feste Substanz tropft und von Zeit zu Zeit abgelassen wird. Auf dem gleichen Prinzip beruht auch der Gasentwickler nach ROBERT MÜLLER (Abb. 74a). In ähnlicher Weise arbeiten auch die größeren Gasentwicklungsapparate, die man leicht aus genormten Tubusflaschen und Trockentürmen zusammenstellen kann (Abb. 74b) [21].

Um ein Gas aus 2 Flüssigkeiten gefahrlos entwickeln zu können, ist der Gasentwicklungsapparat nach SEIDEL (Abb. 75) sehr praktisch. Er kann auch in einer heizbaren Ausführung geliefert werden.

10. Scheidetrichter

Scheidetrichter dienen dazu, einen in Lösung befindlichen Stoff durch Ausschütteln mit einer nichtmischbaren zweiten Flüssigkeit von anderer Dichte zu extrahieren und dadurch zu gewinnen, daß die spezifisch schwerere Lösung durch den Hahn abgelassen wird. Je nach dem Teilungskoeffizient, der Zahl, die angibt, in welchem Verhältnis sich der Stoff in beiden Lösungsmitteln verteilt, muß das Verfahren mehr oder weniger oft wiederholt werden. Das Ausschüttelverfahren erfordert daher verhältnismäßig viel Lösungsmittel.

Man unterscheidet kugelförmige, konische und zylindrische Scheidetrichter; sie werden in Hüttenarbeit (Abb. 76) oder Lampenarbeit (Abb. 77) gefertigt und sind von 1 bis 5 l in Hüttenarbeit und von 50 bis 500 ml Inhalt in Lampenarbeit genormt (DIN 12450 und 12565).

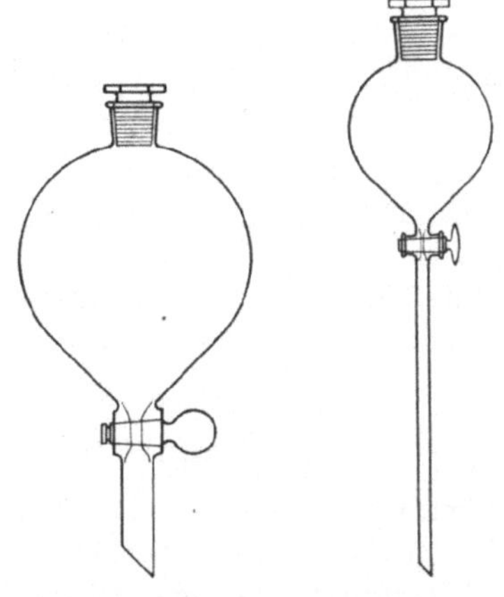

Abb. 76. Hüttenscheidetrichter

Abb. 77. Lampenscheidetrichter

Mit längerem dünnerem Stiel sind die Tropftrichter ausgestattet, die mittels Stopfen in einen Flaschenhals eingedichtet werden können, um gegebenenfalls eine Flüssigkeit portionsweise in Reaktion zu bringen.

Ein quantitatives Ausspülen der schwereren Lösung aus der Hahnbohrung ermöglicht der mit einem Karlsruher Hahn versehene Scheidetrichter nach LUTHER [22] (Abb. 78).

Der doppelwandige Scheidetrichter nach THIELERT [23] (Abb. 79) kann geheizt oder gekühlt werden. Die Scheidetrichter nach SQUIBB

zeichnen sich außer durch ihre schlanke Form durch eine weite Hahnbohrung aus (Abb. 80). Für leicht emulgierende Substanzen eignen sich
flache Scheidetrichter, die langsam geschaukelt werden.

Zur Extraktion von Carbonsäuren ist von WIDMARK [24] ein Schau-
kel-Extraktor konstruiert worden, der aus 2 Scheidetrichtern besteht,
die seitlich miteinander verschmolzen sind. In dem einen Scheidetrichter
befindet sich die zu extrahierende Lösung, in dem andern die Rezipienz-

Abb. 78. Scheidetrichter
nach LUTHER zum quanti-
tativen Ausschütteln

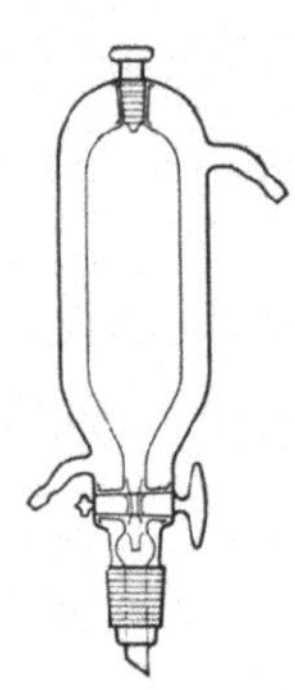

Abb. 79. Heizbarer Scheidetrichter nach THIELERT

Abb. 80. Scheidetrichter
nach SQUIBB

lösung, die den extrahierten Stoff neutralisiert. Über diese Lösungen
ist das Extraktionsmittel geschichtet, das durch Schaukeln von dem
einen Gefäß zum anderen fließt.

Für Mikroarbeiten hat sich der Mikroscheidetrichter nach GORBACH,
der sogenannte Storchenschnabel, gut bewährt.

11. Extraktionsapparate für feste Stoffe

Extraktionsapparate für feste Stoffe dienen zur Trennung eines
löslichen Stoffes von unlöslichen bei Verwendung einer möglichst geringen Lösungsmittelmenge. Dieses wird erreicht, indem das Lösungsmittel
im gleichen Apparat durch Destillation kontinuierlich dem Extraktionsgut zugeführt wird, diesem den löslichen Stoff entzieht und durch Filtration von dem unlöslichen Bestandteil trennt.

Die Extraktion erfolgt entweder bei Raumtemperatur oder etwa bei
der Siedetemperatur des Lösungsmittels. Während bei den Apparaten
für Heißextraktion der Hülseneinsatz allseitig vom Dampf umspült wird,
umgeht der Dampf bei Apparaten für Kaltextraktion den Extraktions-
raum außerhalb in einem besonderen Dampfrohr.

Nach der Art des Filtratablaufs unterscheidet man Extraktionsapparate mit kontinuierlichem Rücklauf, von denen, die intermittierend

abhebern. Zur ersten Gruppe gehören der Extraktor nach KNÖFFLER (DIN E 12601) (Abb. 81), der in den Größen 30, 70 und 100 ml zur Normung vorgeschlagen ist, und der Durchfluß-Extraktor nach THIELE-PAPE [25] (Abb. 82), der auch für Wasserabscheidung und Wasserbestimmung verwendbar ist.

Der gebräuchlichste Vertreter der zweiten Gruppe ist der intermittierend abhebernde Soxhlet-Extraktor (DIN E 12602) (Abb. 83), der in den Größen von 30 bis 2000 ml hergestellt wird.

Um einen intermittierenden Rücklauf zu gewährleisten, soll das Heberrohr auch bei den größten Apparaten nicht weiter als 3,5 mm (innen) und der Scheitel des Hebers nicht aufgeblasen, eher etwas verengt sein. Eine Erweiterung am aufsteigenden Ast des Hebers begünstigt ein exaktes Abreißen. Bei Verwendung von wasserhaltigem Äther und anderen Lösungsmitteln ohne scharf definierten Siedepunkt kann durch Fraktionierung das Lösungsmittel im Heberrohr zum Sieden kommen und dessen Funktionen stören.

Kanalbildung im Extraktionsgut wird durch einen Zackenkranz im Rückflußkühler vermieden, wodurch

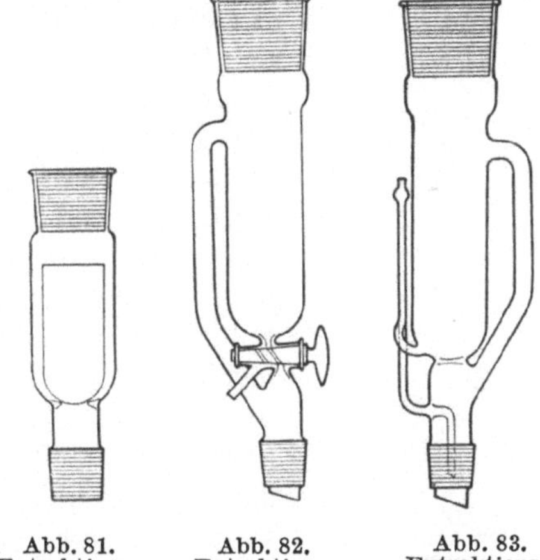

Abb. 81.
Extraktions-
zwischenstück
für heiße
Extraktion

Abb. 82.
Extraktions-
apparat nach
THIELEPAPE

Abb. 83.
Extraktions-
apparat nach
SOXHLET

sich das Kondensat auf den Querschnitt des Extraktors verteilt und das Extraktionsgut gleichmäßig durchfeuchtet. Den gleichen Zweck erreicht man, indem man das Extraktionsgut mit Filtrierpapierscheiben oder einer porösen Glasplatte bedeckt.

Im Apparat nach WISLICENIUS kann zur Beschleunigung der Extraktion das Extraktionsgut zuerst mit dem Extraktionsmittel ausgekocht und nach Hochziehen des Einsatzes schließlich vollständig extrahiert werden. Eine gute Benetzung erreicht WOLLNY [26] durch intermittierendes Fluten, indem er ein Hebergefäß zwischen Kühler und Extraktor schaltet.

Soll die Extraktion bei einer bestimmten Temperatur erfolgen, so verwendet man einen Apparat nach KÖHLER, bei dem das Mittelstück seitlich angeordnet ist, daher in ein Bad von der gewünschten Temperatur eingehängt werden kann.

Mit Rücksicht auf die Quellung der Papierhülsen soll der Innendurchmesser des Extraktionsraumes nicht größer als der kleinste

Schliffdurchmesser sein; dadurch wird auch ein toter Raum vermieden.

Zur Extraktion mit aggressiven Stoffen und bei hohen Temperaturen eignen sich nach dem Vorschlag von W. FRIEDRICHS Glasfaserhülsen, die sich durch geringen Strömungswiderstand, größeres Fassungsvermögen und niedrigeren Preis auszeichnen als die bisher verwandten Extraktionshülsen aus Alundum oder gesintertem Glaspulver. Die Glasfaserhülsen sind leicht zu reinigen, quellen nicht und verlieren ihre Porosität nicht, so daß sie im Gegensatz zu den Papierhülsen mehrfache Verwendung finden können.

Für Extraktionen im Mikromaßstabe sind die Apparate nach SLOTTA (Abb. 84) und GORBACH empfehlenswert.

Als Kühler für Extraktionsapparate sind wegen der geringen Bauhöhe DIMROTH- und Schraubenkühler zu empfehlen, die den ALLIHN-Kühler an Wirksamkeit übertreffen. Zur Kondensation größerer Dampfmengen eignet sich der DIMROTH-Kühler mit doppelter Wendel. Der Soxhletapparat mit Einhängekühler hat sich, obwohl genormt (DIN DENOG 64), nicht durchsetzen können.

Als Kolben dienen Kurzhalsrundkolben mit einheitlichem Schliff 29. Will man ohne den Apparat auseinanderzunehmen das Lösungsmittel zurückgewinnen, so schaltet man zwischen Extraktor und Kühler eine Vorlage nach TWISSELMANN ein (DIN E 12 603).

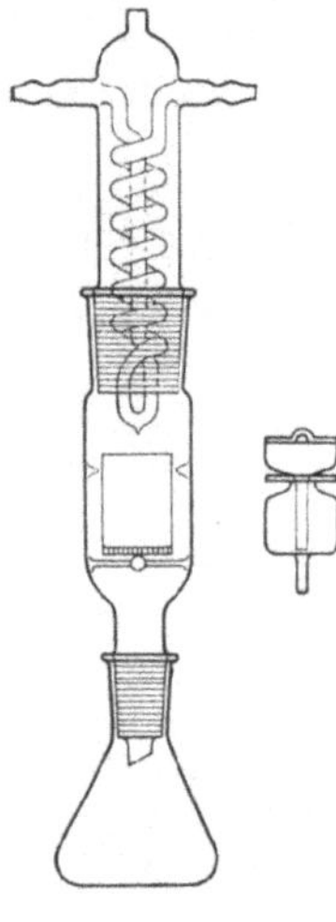

Abb. 84.
Mikroextraktions-
apparat nach
SLOTTA

Extrakte aus Drogen werden in sogenannten Perkolatoren gewonnen, die entweder unter Atmosphärendruck oder im Vakuum arbeiten. Im ersteren Falle ähnelt der Apparat einem Scheidetrichter mit MARIOTTE-scher Flasche. Im zweiten Falle besteht der wesentliche Teil aus einem etwa 1 m langen und etwa 50 mm weiten Glasrohr, in das die fein gepulverte Droge fest eingestampft wird. Das Extraktionsmittel wird unter Vakuum durchgesaugt und der Extrakt in einer Filtrierflasche aufgefangen. Statt das Filtrat abzusaugen, kann man auch den Druck über dem Filter erhöhen. Bei niedrig siedenden Lösungsmitteln kann das vorteilhaft sein.

12. Extraktionsapparate für flüssige Stoffe

Apparate zur Extraktion von Lösungen arbeiten im Gegensatz zum Scheidetrichter kontinuierlich, sowie mit geringen Mengen von Extraktionsmitteln und vermeiden Emulsionen. Je nach dem Dichteunterschied der beiden nicht mischbaren Lösungsmittel unterscheidet man Apparate für leichte und schwere Extraktionsmittel.

Die Extraktionsgeschwindigkeit hängt von der Oberfläche und der Strecke ab, die das Extraktionsmittel in der zu extrahierenden Lösung zurücklegt. Ein langer Weg wird in dem Apparat nach KUTSCHER und STEUDEL (Abb. 85) durch eine Flachglaswendel mit Extraktionsmittel vorgeschrieben. Wirkungsvoller sind Glasfritten [27] (Abb. 86), die

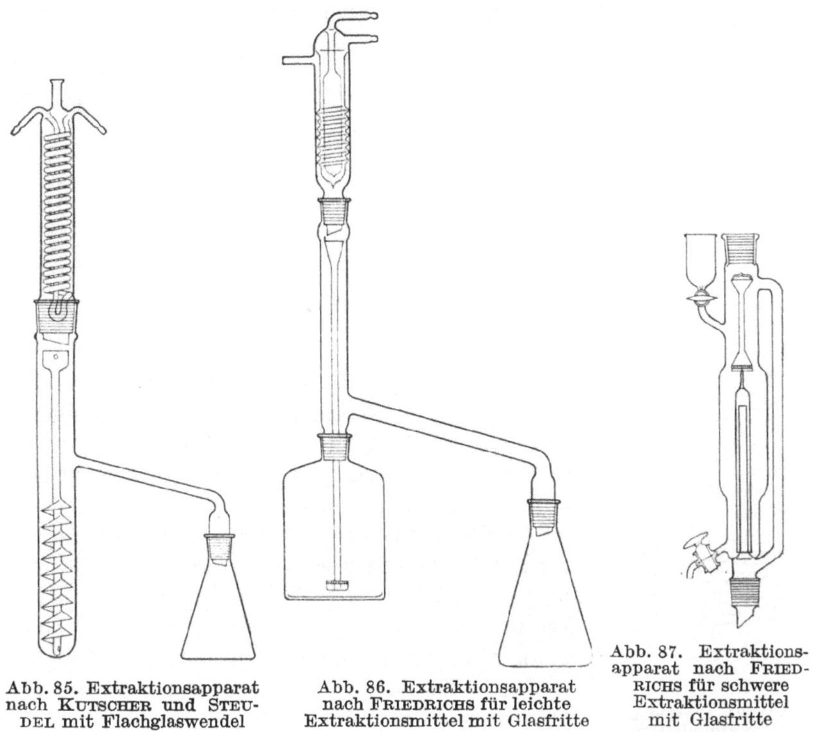

Abb. 85. Extraktionsapparat nach KUTSCHER und STEUDEL mit Flachglaswendel

Abb. 86. Extraktionsapparat nach FRIEDRICHS für leichte Extraktionsmittel mit Glasfritte

Abb. 87. Extraktionsapparat nach FRIEDRICHS für schwere Extraktionsmittel mit Glasfritte

das Extraktionsmittel in feinen Tröpfchen, also mit großer Oberfläche durch das Extraktionsgut aufsteigen lassen. Infolge der feinen Verteilung sättigt sich das Extraktionsmittel mit dem löslichen Stoff nahezu schon bei Austritt aus der Fritte, so daß für gute Bespülung der porösen Platte zu sorgen ist. Daher werden große Apparate mit einer Rührvorrichtung ausgestattet.

Bei Verwendung der Apparate mit schweren Extraktionsmitteln, wie Chloroform oder Tetrachlorkohlenstoff muß die Fritte in die zu extrahierende Flüssigkeit eintauchen, da sonst die Tröpfchen nicht abreißen, sondern zu großen Tropfen zusammenlaufen, bevor sie die Fritte verlassen (Abb. 87).

13. Verbindungsstücke

Die Anschlußarten der Laboratoriumsapparate sind früher geschildert worden (S. 19 bis 22). Für Verbindungen von Schläuchen verschiedener Weiten ist ein abgestuftes Verbindungsstück zur Normung vorgesehen (DIN E 12220). Abzweigstücke wurden in T-, Y- und Gabelform für die Rohrweiten der Schlauchanschlüsse zur Normung vorgeschlagen (DIN E 12225—27). Von einer Ausstattung mit Schlaucholiven wurde abgesehen.

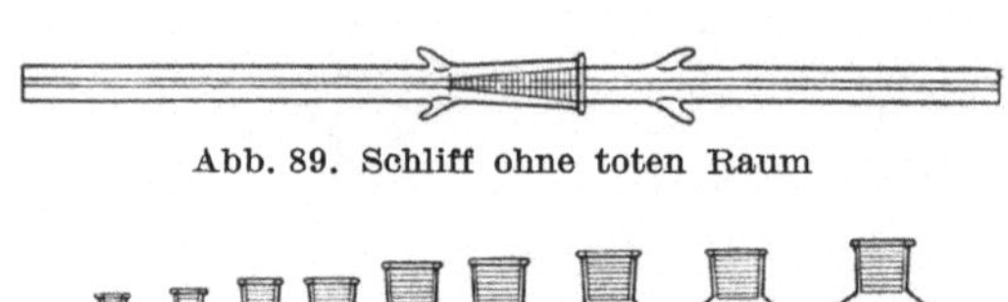

Abb. 89. Schliff ohne toten Raum

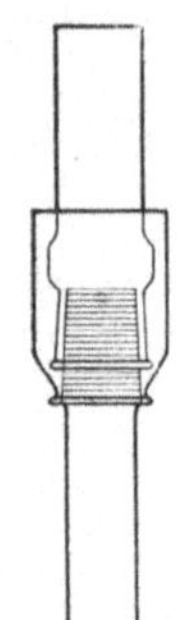

Abb. 88. Schliff mit Quecksilberdichtung

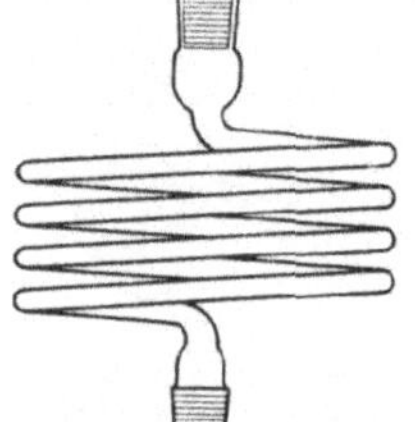

Abb. 90. Übergangsstücke

Für Stopfenverbindungen sind gerade und gekrümmte Vorstöße — zu den mittleren Halsweiten von Flaschen und Kolben passend — genormt worden (DIN 12261—62).

Die Schliffstücke werden mit etwa 100 mm langen Rohrenden geliefert; sie können für besondere Fälle auch mit einer Quecksilberabdichtung (Abb. 88) versehen werden. Bei kapillaren Verbindungen muß ein toter Raum vermieden werden, was mit dem stumpferen Schliffkegel 1:5 leichter möglich ist als mit dem Kegel 1:10 (Abb. 89).

Zum Übergang von einer Schliffgröße zur anderen dienen Übergangsstücke, die für die gebräuchlichsten Größen genormt sind (DIN E 12257) (Abb. 90). Zur Verkleinerung der Bauhöhe kann das Innere des Kernes als Hülse ausgeschliffen werden.

Abb. 91. Glasfeder mit Normschliffen

Um Schliffverbindungen die Starrheit zu nehmen, haben sich Glasfedern (Abb. 91) und Schliffketten (Abb. 92), die auch mit Kugelschliffen ausgestattet werden, bewährt.

Abb. 92. Schliffkette nach FRIEDRICHS

Die letzten Spannungen, die beim Zusammenbau komplizierter Apparate entstehen, lassen sich entfernen, indem man mit einem Bunsenbrenner ein Stück der Feder bis zum beginnenden Erweichen erhitzt.

Die Normung von Übergangsstücken zwischen den einzelnen Kegelschliffgrößen und von Kegelschliffen zu Kugelschliffen steht noch aus.

14. Hähne

Die Hähne dienen entweder nur der Öffnung, Regulierung und Schließung eines Gas- oder Flüssigkeitsstromes oder der Umschaltung desselben auf verschiedene Wege. Hiernach unterscheidet man Einweghähne (Verbindungshähne) und Mehrweghähne. Die Kegelwinkel der Hahnschliffe werden meist etwas unter der genormten Steigung 1:10 gehalten, um die Haftfestigkeit der Küken zu erhöhen. Hähne mit einer Steigung 1:10 sind nur durch besondere Sicherung dicht zu halten. Bei einer Steigung 1:12,5 genügt die Haftfestigkeit des Kükens für die meisten Arbeiten bis 0,5 atü. Der mittlere Durchmesser der Küken soll nicht zu klein sein, damit die abschließende Fläche nicht zu schmal wird. Durch schräge Bohrung läßt sich diese Dichtungsfläche vergrößern. Genormt sind Einweghähne (DIN 12551) mit Bohrungen von 1,5 bis 20 mm, Einweghähne mit Bohrung schräg zur Achse (DIN 12552), mit Bohrungen von 1,5 bis 4 mm, Zweiweghähne [28] (DIN 12553) mit Bohrungen von 1,5 bis 4 mm, Dreiweghähne (DIN 12554) mit Bohrungen von 1,5 bis 6 mm und Schwanzhähne (DIN 12555) mit Bohrungen von 1,5 bis 4 mm.

Die Hähne mit 1 mm Bohrung werden auch mit kapillaren Schenkeln gefertigt. Hähne bis 4 mm Bohrung sollen mit massivem Küken, darüber mit hohlem Küken geliefert werden. Bei guter Arbeit besteht kein Unterschied in der Passung von massiven und hohlen Küken. Einweghähne, deren einer Schenkel nach abwärts gekrümmt ist, werden als Ablaßhähne (DIN E 12558) verwandt.

Für Büretten sind Hähne in seitlicher Ausführung genormt (DIN 12700). Der Karlsruher oder Czako-Hahn ist in kapillarer Ausführung an der Buntebürette genormt (DIN E 12705) und wird auch gerne an anderen gasanalytischen Apparaten verwandt. Für Hochvakuumarbeiten sind Hähne nach SCHIFF genormt (DIN 12557). Es würde den Rahmen dieser Arbeit weit überschreiten, all die vielen Sonderfertigungen an Hähnen zu beschreiben. Für den normalen Laboratoriumsgebrauch genügen die genormten Hähne vollauf.

Zur Feinregulierung eines Gasstromes werden in die Küken der genormten Hähne Rillen eingefeilt, die spitz auslaufen. An Stelle einer einzigen Rille an jeder Öffnung der Bohrung sind mehrere parallele, verschieden lange Rillen empfohlen worden.

Hähne mit austauschbaren Küken sind an Apparaten, bei denen das Auswechseln des gesamten Hahnes einschließlich Hülse Schwierigkeiten verursacht, vorteilhaft. Bei Hähnen, deren Küken wie bei Bürettenhähnen häufig gedreht werden, nutzen sich die Schliff-Flächen mit der Zeit so stark ab, daß eine Austauschbarkeit nicht mehr gewährleistet ist. Es empfiehlt sich daher, Ersatzküken mit feinem Schmirgel in abgenutzte Hülsen einzureiben, was mit einfachen Mitteln im Laboratorium möglich ist.

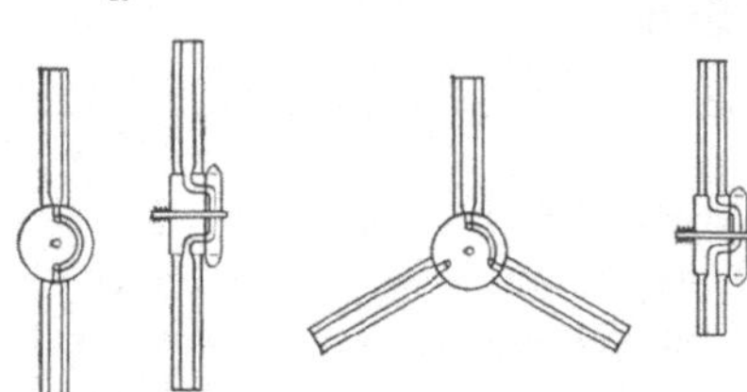

Abb. 92a. Planschliffhähne „Vestale"

Ein ganz neuer Weg ist durch die Konstruktion eines Planschliffhahnes beschritten worden (Modell: VESTALE). Die Dichtungsfläche dieses Hahnes besteht aus 2 Scheiben, die mit hoher Präzision plangeschliffen sind. Die eine Scheibe trägt die Ansatzröhren und dient zur Befestigung einer federnden Metall-Ligatur, welche die Dichtungsflächen aneinander drückt. Die andere Scheibe ist der Schlüssel, der mit einer halbkreisförmigen Rille versehen ist, die je nach Drehung die Verbindung zwischen den Ansatzröhren herstellt oder unterbricht. Die Hähne werden als Ein- oder Mehrweghahn geliefert (Abb. 92a).

15. Tropfenfänger, Fraktionierkolonnen und Destillierapparate

Tropfenfänger sollen die vom Dampfstrom mitgerissenen Tröpfchen des Kolbeninhaltes zurückhalten. Sie werden hauptsächlich beim Übertreiben des Ammoniaks zur Zurückhaltung der Natronlauge im Laufe der Stickstoffbestimmung nach KJELDAHL verwandt. Es handelt sich um kugelförmige Bauelemente mit eingeschmolzenen Röhren, die den Dampfstrom, nachdem er in der Querschnittserweiterung an Geschwindigkeit verloren hat, zu einer Richtungsänderung zwingen (Abb. 45). Zweckmäßig ist auch das zur Normung vorgeschlagene Zwischenstück (DIN E 12819) (Abb. 93), das, mit Glasperlen oder Raschigringen in dünner Schicht gefüllt, mitgerissene Flüssigkeitstropfen zurückhält. Genügt ein einziger Kugelaufsatz nicht, ist es dank der Normschliffe möglich, mehrere aufeinanderzusetzen und so eine einfache Kolonne aufzubauen.

Abb. 93.
Tropfenfänger
mit
Füllkörpern

Die Wirksamkeit der Destillierkolonnen beruht auf der innigen Durchmischung des aufsteigenden Dampfstromes mit dem rücklaufenden Kondensat. Zu diesem Zweck werden die Destillierkolonnen als Füllkörperkolonnen, Glockenbodenkolonnen, Siebbodenkolonnen, Wendelkolonnen und Drehbandkolonnen — um nur die wichtigsten Typen zu nennen — ausgeführt. Die Trennschärfe wird charakterisiert bei den Bodenkolonnen durch die Anzahl der Böden und deren Wirkungsgrad, bei den anderen Kolonnentypen durch die Zahl der theoretischen Böden.

Um beim Fraktionieren hochsiedender Stoffgemische keine gefährlichen Spannungen im Vakuummantel auftreten zu lassen, ist es empfehlenswert, die Außenseite des Vakuummantels durch eine Heizwicklung auf eine etwas niedrigere Temperatur als das Innenrohr zu halten. Die Verminderung des Strahlungsverlustes durch die Verspiegelung der Glasoberfläche ist vorteilhaft für die Wirkung der Kolonne.

Die gebräuchlichste Füllkörpersäule ist die HEMPEL-Kolonne (DIN E 12598). Es empfiehlt sich ein Wärmeschutz, um eine schnelle Abkühlung des Dampfes zu verhindern. Mit Vakuummantel versehen, ist sie als Normalkolonne [29] (Abb. 94). zur Normung vorgesehen. Die Trennschärfe der HEMPEL-Kolonnen kann durch schräg abwärts gerichtete Einstiche erhöht werden, die das rücklaufende Kondensat zur Kolonnenachse leiten, um Kanalbildung und Wandlauf zu verhüten.

Als Füllmaterial eignen sich Glasperlen von 4 bis 8 mm Durchmesser, ferner Glasrohrabschnitte von der Länge ihres Durchmessers ebenfalls zwischen 4 und 8 mm und Helices, das sind 1- bis 2-gängige Glaswendeln von 2 bis 3 mm Durchmesser. Sofern Metall nicht'angegriffen wird und auch keine katalytische Einwirkung zu befürchten ist, sind Drahtwendeln und Maschendrahtringe aus Bronce oder V_4A-Stahl den gläsernen Füllkörpern überlegen. Die Auswahl der Füllkörper hinsichtlich Größe und Gestalt hängt von den Kolonnendimensionen und den Grenzflächeneigenschaften der gegenströmenden Phasen ab. Maschendrahtringe zeichnen sich durch einen kleineren Strömungswiderstand aus, als massive Füllkörper aufweisen; sie haben daher einen geringeren Druckabfall und eignen sich somit auch für Vakuumarbeiten. Bei

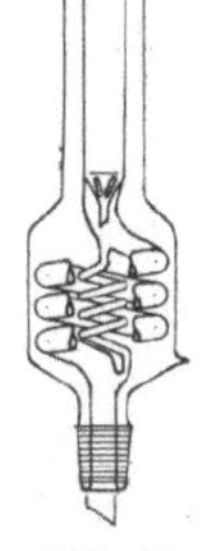

Abb. 94.
Normal-
kolonne

geeigneter Auswahl der Füllkörper kann die Trennschärfe der Destilliersäulen wesentlich verbessert werden. Ein Kriterium für die Beurteilung der Füllkörper ist die Trennstufenhöhe, das ist die einem theoretischen Boden äquivalente Schichthöhe (H. E. T. P.).

Die Kolonne nach TONGBERG [31] (Abb. 95) ist eine Füllkörperkolonne, die durch den Dampf der niedrigst siedenden Fraktion aufgeheizt wird. Der an den Mantel angeschmolzene Hahn dient zur Entlüftung, wird danach geschlossen und erst wieder kurz geöffnet, wenn die nächsthöhere Fraktion abdestilliert.

Eine Glockenbodenkolonne von hohem Wirkungsgrad ist von BRUUN [32] konstruiert worden (Abb. 96). Ihre Herstellung ist schwierig, da auf genaue Einhaltung der Dimensionen geachtet werden muß, damit keine Stauungen entstehen. Die Ränder der Glocken sind schräg eingeschnitten, damit das Kondensat auf den Böden rotiert. Die mit Vakuummantel geschützte Kolonne hat 20 Böden und ist in erster Linie zur Fraktionierung niedrig siedender Stoffe bestimmt. Die mit heizbarem Luftmantel versehene Kolonne hat 40, 50 und 60 Böden.

Die wirksamste Siebbodenkolonne ist von GROLL-OLDERSHAW [33] (Abb. 97) entwickelt worden. Sie besteht aus einer Reihe von perforierten Glasplatten, in deren Zentrum ein Rohr eingeschmolzen ist, das den Zweck hat, das Flüssigkeitsniveau auf jeder Platte konstant zu halten und den Überschuß zur darunterliegenden Platte abzuleiten. Die OLDERSHAW-Kolonne wird mit einer Zahl bis 30 Siebböden und in 2 Querschnitten für Platten-Durchmesser von 25

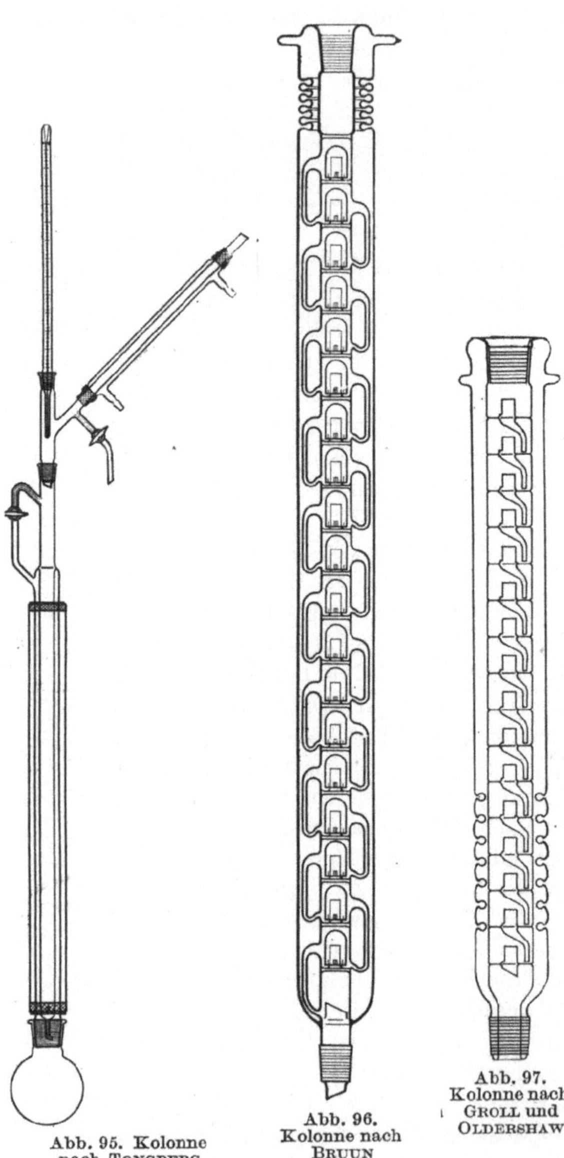

Abb. 95. Kolonne nach TONGBERG

Abb. 96. Kolonne nach BRUUN

Abb. 97. Kolonne nach GROLL und OLDERSHAW

und 50 mm hergestellt, von je 80 bzw. 280 Bohrungen. Die Platten müssen mit großer Präzision gebohrt und waagerecht in gleichen Abständen in das Kolonnenrohr eingeschmolzen werden. Durch einen mit Silber verspiegelten und mit Sichtstreifen versehenen Vakuummantel haben sie einen guten Wärmeschutz. Diese Kolonnen vertragen einen außergewöhnlich hohen Durchsatz und haben einen sehr geringen Benetzungsrückstand; ihre Wirksamkeit ist fast unabhängig vom Durchsatz. Aus diesen Gründen eignet sich dieser Typ besonders als Test-Kolonne.

Die Wendelkolonnen wirken hauptsächlich durch den langen Weg, den der Dampf gegen das rücklaufende Kondensat zurücklegen muß, weniger durch die innige Durchmischung der beiden Ströme. Ihr wesentlicher Vorteil ist der geringe Benetzungsrückstand, was für die Trennschärfe bei geringen Substanzmengen wichtig ist.

Die WIDMER-Kolonne [34] (Abb. 98) — ursprünglich zur Fraktionierung kleiner Substanzmengen gedacht — hat einen weiten Anwendungsbereich, da die Wendel durch den Dampf des Flüssigkeitsgemisches geheizt wird. Da im Gegensatz zur TONGBERG-Kolonne leicht eine Überhitzung stattfinden kann, fehlt es der WIDMER-Kolonne etwas an Rücklauf, wodurch die Trennschärfe beeinträchtigt und die Mittelfraktion verbreitert wird. Die WIDMER-Kolonnen werden bis auf 500 mm Länge ausgeführt. In der zerlegbaren Form ist die Reinigung wesentlich erleichtert. Zur Vermeidung von Rücklaufstauungen

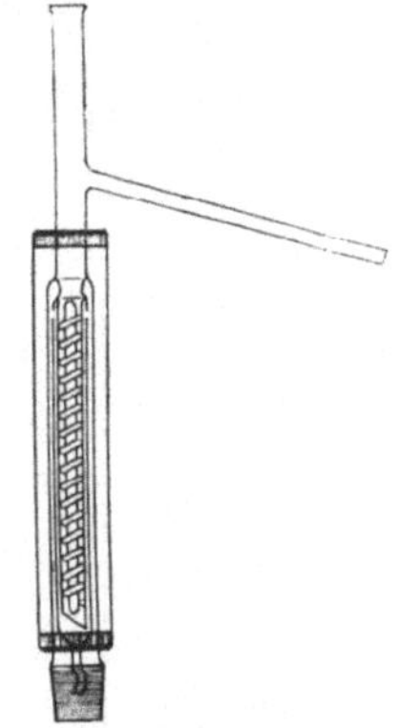

Abb. 98. Kolonne nach WIDMER

versieht MILLER seine Wendelkolonne mit einer Progressivspirale [35]. Die PODBIELNIAK- und die KOCH-HILBERATH-Kolonne [36] dienen zur Trennung leicht flüchtiger Stoffe, die Kolonne nach CLUSIUS für die Trennung der Edelgase.

Eine Wendelkolonne von hoher Trennschärfe und breitem Anwendungsbereich ist von JANTZEN [37] konstruiert worden (Abb. 99). Als Austauschsäule dient ein Glasrohr von 6 m Länge, das zu einer Spirale aufgewunden ist. Die Schlange ist in ein weites etwa 80 cm langes Rohr eingeschmolzen, das zur Isolation mit Kupfer verspiegelt und sorgfältig evakuiert ist. Dieser Wärmeschutz reicht bis zu Temperaturen von 150° aus; wird die Kolonne in einen Heizmantel eingesetzt, können auch hochsiedende Stoffe destilliert werden. Am Kolonnenkopf wird das Rücklaufverhältnis geregelt und durch einen Thermoregulator die Kondensationsgrenze in der gewünschten Höhe gehalten.

Eine Kombination zwischen einer Füllkörper- und einer Wendelkolonne stellt die HELI-GRID-Kolonne von PODBIELNIAK [38] dar. Die HELI-GRID-Packung besteht aus einer Drahtspirale von rechteckigem Querschnitt, die um einen massiven Kern gewickelt ist, wendeltreppenartig ansteigt und den Kolonnenquerschnitt ausfüllt. Durch die engen

Windungsabstände und die Kapillarwirkung wird Dampf und Kondensat bei Vermeidung von Kanalbildung gezwungen, den Windungen zu folgen. Die HELI-GRID-Packung weist mit 0,5 cm pro theoretischem Boden die kleinste Trennstufenhöhe auf. Mit der Kolonne kann ein Temperaturbereich von − 160° bei Atmosphärendruck bis 300° bei 20 mm absoluten Druck gedeckt werden.

Die Spannung zwischen Kolonne und Vakuummantel kann durch eine Wendel oder durch Bälge ausgeglichen werden. Die Wendel hat den Nachteil den Dampf zu stauen, wenn nicht der Rücklauf in einer zweiten Wendel getrennt abgeleitet wird. Bälge behindern die Beobachtung.

In der Kolonne nach VIGREUX wird das an der Wand zurücklaufende Kondensat durch Einstiche nach der Achse abgeleitet und hier allseitig vom Dampf umspült. Sie gestattet auch ohne Wärmeschutz die Fraktionierung höher siedender Stoffe und eignet sich wegen ihres geringen Benetzungsrückstandes gut für Mikro-Kolonnen.

Drehbandkolonnen [39] sind besonders für Vakuumdestillationen entwickelt worden. Sie zeichnen sich durch einen geringen Druckabfall und geringen Benetzungsrückstand aus, fluten nicht und haben eine außergewöhnlich hohe Trennschärfe. Der wirksame Teil der Kolonne ist ein schnell rotierendes Nickel-Chrom-Band, das den Dampf zentrifugiert. Genannte Autoren beschreiben eine Drehbandkolonne, bei welcher der Druck von 0,02 Torr am Kolonnenkopf innerhalb der Kolonne nur auf 0,08 mm ansteigt. Der Benetzungsrückstand wird mit 0,2 ml und die Wirksamkeit mit 125 theoretischen Böden angegeben.

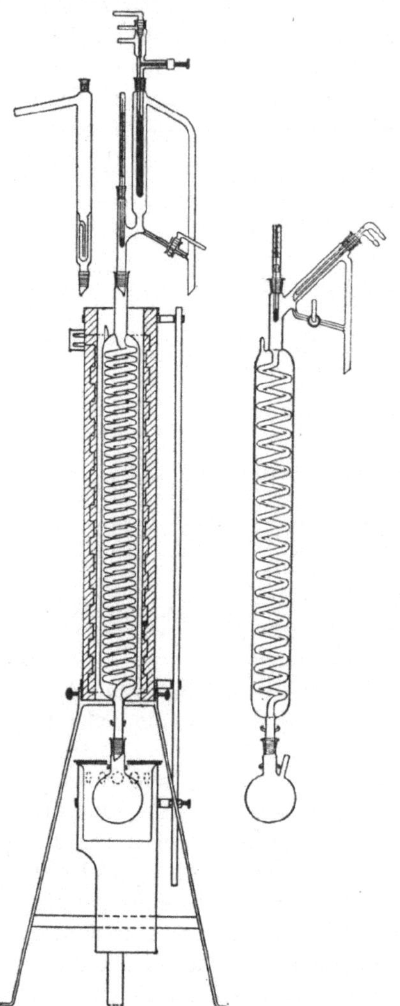

Abb. 99. Kolonne nach JANTZEN

Als Destillierhauben sind eine große Auswahl verschiedener Arten im Gebrauch. Genormt sollen vorläufig nur die einfachsten werden (DIN E 12594, 12595). Eine Schwelle im Dampfrohr hat sich nicht durchsetzen können, da sie den Dampf staut und dadurch die Siedepunktbestimmung stören könnte. Praktisch ist die feste Verbindung mit dem Kühler.

Die Trennschärfe der Destilliersäulen wird durch das Rücklaufverhältnis beeinflußt. Da partielle Kondensation bei Laboratoriumsapparaten schwer zu steuern ist, zieht man im allgemeinen totale Verdichtung vor und teilt das Kondensat in Rücklauf und Destillat. Derartige

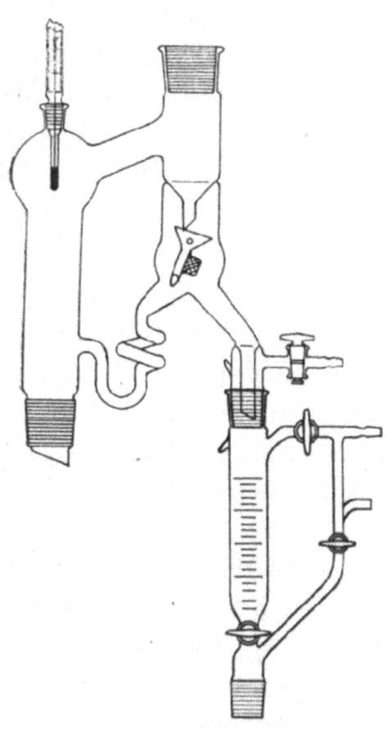

Abb. 100a. Kolonnenkopf
nach OLDERSHAW

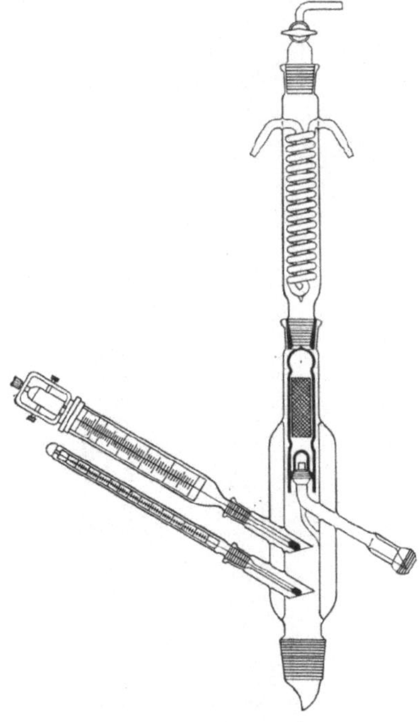

Abb. 100b. Kolonnenkopf
nach THÜRKAUF

Rücklaufregler sind entweder an die Destilliersäule angeschmolzen oder werden als abnehmbare Kolonnenköpfe ausgebildet [40].

Der elektro-magnetischen Regelung des Rücklaufverhältnisses dürfte wohl die Zukunft gehören. Während der Kolonnenkopf nach OLDERSHAW (Abb. 100a) das Kondensat teilt, findet im Kolonnenkopf nach THÜRKAUF (Abb. 100b) die Teilung in der Gasphase statt, wodurch die Kolonne auch für höher siedende Gemische brauchbar ist. Das Kolonnensteuergerät ist stufenlos regelbar und gestattet Rücklaufverhältnisse im Bereich von 1,3 bis 600 einzustellen.

Die Destillierkolonne nach GROLL-OLDERSHAW in Verbindung mit dem Kolonnenkopf nach BAERTSCHI und THÜRKAUF und dem Kolonnen-

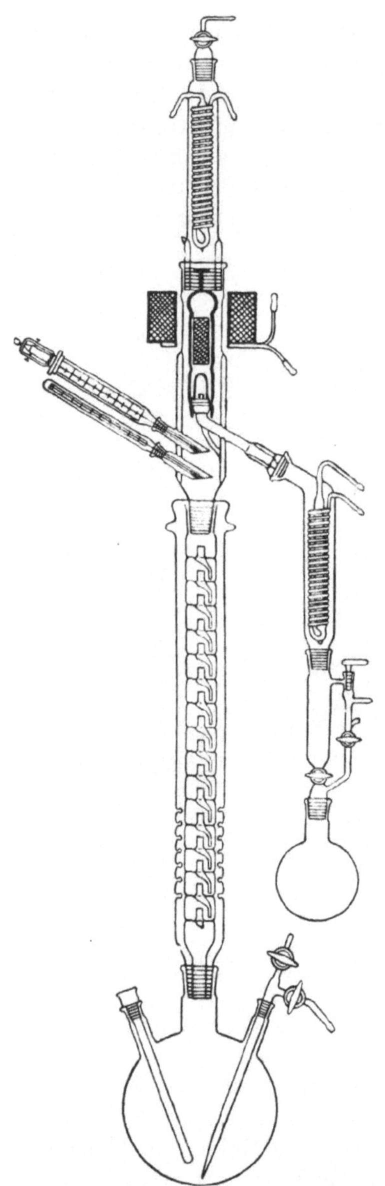

Abb. 100c. Kolonne nach GROLL-OLDER-SHAW mit automatischer Rücklaufsteuerung nach BÄRTSCHI und THÜRKAUF

steuergerät nach OLDERSHAW ist eine Apparatur [*41*], die in bezug auf Destillations- und Glastechnik eine Spitzenleistung darstellt (Abb. 100c).

Als Vorlagen sind die von AN-SCHÜTZ-THIELE, BRÜHL und BREDT (Abb. 101, 102, 103) zur Normung vorgeschlagen (DIN E 12270, 12271, 12272).

Die wichtigste Konstante für die Fraktionierung ist der Siedepunkt. Zu seiner Bestimmung dienen die genormten Destillationsthermometer von großer Empfindlichkeit (DIN DENOG 779). Für Schliffapparaturen verwendet man Thermometer mit Normschliff (DIN E 12784), oder setzt, wenn es auf große Empfindlichkeit nicht ankommt, ein gewöhnliches Thermometer mittels Tauchrohr ein, das auch zur Siedekapillare ausgezogen werden kann.

Anstatt nach dem Siedepunkt fraktionierten JANTZEN und TIEDTKE [*42*] leicht erstarrende Stoffe nach dem Schmelzpunkt. Zu diesem Zweck wird zwischen Kühler und Vorlage ein Schmelzpunktbestimmungsapparat geschaltet.

Mikrodestillationsapparate sind u. a. von WIDMER, KLENK [*43*], COOPER-FASCE, WESTON, TOWERS und FRÄNKEL konstruiert worden (Abb. 104, 105). Die WIDMER-Spirale ist in Verbindung mit einem Claisenkolben zur Normung vorgeschlagen worden (DIN E 12597).

Zur Bestimmung des Blutalkoholgehaltes nach WIDMARK [*44*] dient ein kleiner, mit Schliffeinsatz versehener Kolben (Abb. 106). Dieser ist als Mikro-Destillierapparat anzusehen, in dem der Alkohol aus 2 Tropfen Blut verdampft und in Reaktion mit Chrom-Schwefelsäure gebracht wird.

Zur Destillation feuergefährlicher Stoffe hat sich ein Schlangenkühler mit doppelter Schlange und angeschmolzener Destillierhaube bewährt. Die eine Schlange dient zur Kondensation des Dampfes, die andere ist

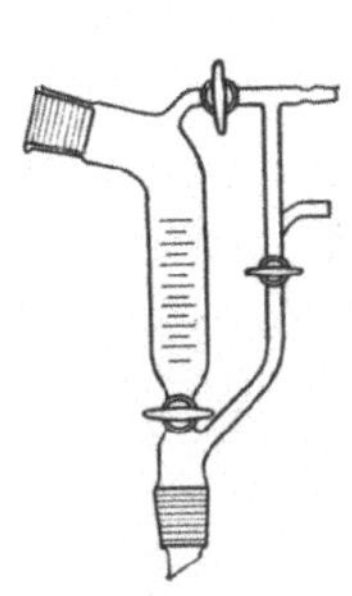

Abb. 101.
Vorlage nach
ANSCHÜTZ-THIELE

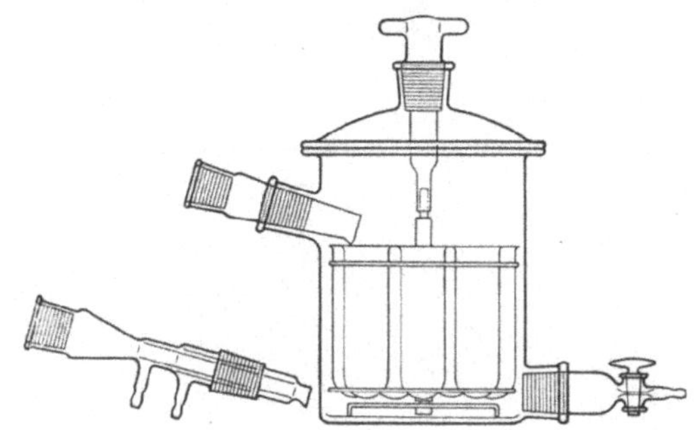

Abb. 102. Vorlage nach BRÜHL mit heizbarem
Vorstoß für erstarrende Stoffe

ein gekühltes Entlüftungsrohr; es wird auf diese Weise Verdunstung vermieden, ohne daß die Vorlage hermetisch abgeschlossen ist (Abb. 107).

Für hoch siedende und leicht erstarrende Stoffe ist der Säbelkolben nach ANSCHÜTZ in der von BRÖKER [45] abgeänderten Form, die in einer Schliffverbindung zwischen Kolben und Vorlage besteht, sehr praktisch.

Die altbekannte Tatsache, daß ein kräftiger Luftstrom den Schaum niederschlägt und die Schaumlamellen zerstört, regte den Verfasser [46] an, zur Destillation schäumender Flüssigkeiten einen Aufsatz zu konstruieren, in dem die durch das Zerblasen

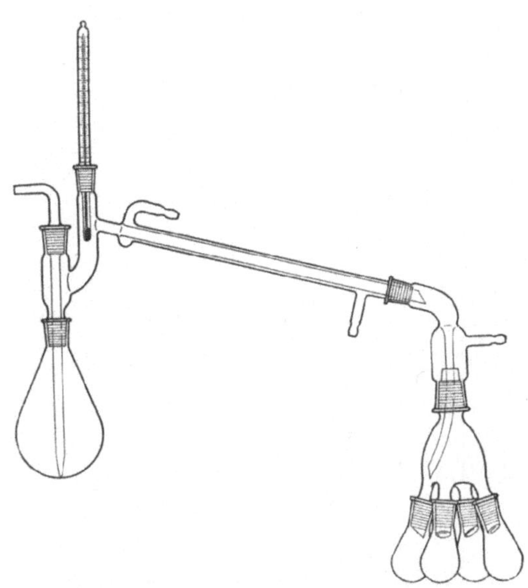

Abb. 103. Fraktionierapparat nach BREDT

des Schaumes hochgerissenen Tropfen durch einen zyklonartig wirkenden Tropfenfänger abgeschieden werden. Für Vakuumdestillationen eignet sich der Schaumzerstörer nach EDDY [47], bei dem der Schaumstrom um

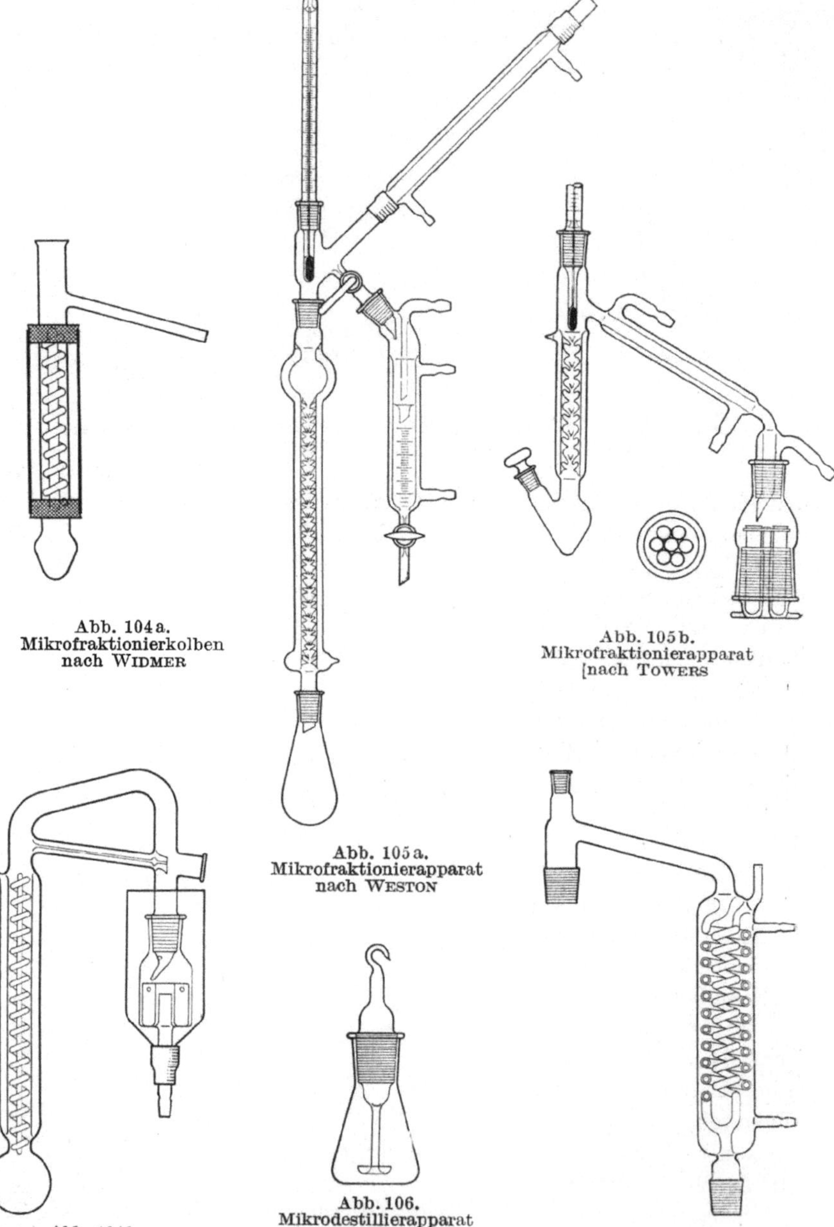

Abb. 104a.
Mikrofraktionierkolben
nach WIDMER

Abb. 105b.
Mikrofraktionierapparat
[nach TOWERS

Abb. 105a.
Mikrofraktionierapparat
nach WESTON

Abb. 104b.
Mikrofraktionierapparat
nach KLENK

Abb. 106.
Mikrodestillierapparat
nach WIDMARK zur
Bestimmung von
Alkohol im Blut

Abb. 107.
Destillierapparat für
feuergefährliche Stoffe

180° abgelenkt und durch eingesaugte Luft in den Destillierkolben zurück-
gedrückt wird. In hoffnungslosen Fällen gelingt die Destillation nur, wenn
der Schaum·durch ein schnell rotierendes Flügelrad zerschlagen wird [48].

Soll nur der Rückstand gewonnen werden, so verwendet man Vakuumverdampfer, z. B. nach HAUSMANN.

Um die Verdampfungstemperatur möglichst niedrig zu halten, ist es
empfehlenswert, die Dampfableitung so weit wie möglich zu gestalten.
Man sollte nicht unter NS 45 gehen. Ferner müssen, um den Druck
halten zu können, die entstehenden großen Dampfmengen möglichst
rasch kondensiert werden, wozu Kühler mit großer Kühlfläche z. B.
Intensivkühler (Abb. 115) unentbehrlich sind. Zur Kontrolle der Verdampfungstemperatur wird ein Thermometer durch den Seitenstutzen
der Haube bis in die Flüssigkeit eingeführt. Da es weniger auf genaue
Temperaturmessung ankommt, genügt ein Thermometertauchrohr, das
zugleich als Siedekapillare dient. Durch ein seitliches Hahnrohr kann
Flüssigkeit nachgefüllt werden. Der Seitenstutzen der Haube trägt NS
29, der Mitteltubus NS 45 (Abb. 108).

Zum schonenden Eindampfen bei tiefen Temperaturen eignet sich
der Apparat nach JANTZEN-SCHMALFUSS [49] (Abb. 108a). Die hohe
Leistung beruht darauf, daß durch ein 90 mm weites Dampfrohr, einen
sehr wirksamen Metallkühler von 0,6 qm Kühlfläche und leistungsfähige
Pumpen für stauungsfreien Abzug und gute Kondensation des Dampfes
gesorgt ist. Durch intensive Rührung der Badflüssigkeit wird deren
Temperatur und damit auch die Temperatur der Blasenflüssigkeit niedrig
gehalten. Zum Eindicken von Lösungen eignen sich die Umlaufver-
dampfer nach SAUER [50] und FRIEDRICHS.

Zur Versorgung kleiner Laboratorien mit destilliertem Wasser sind
Destillierapparate nach FRIEDRICHS zu empfehlen (Abb. 109). Der hohe
Nutzeffekt wird durch Vorwärmung des Speisewassers erzielt. Dies
wird durch Teilung des Kühlwasserstromes erreicht; während die Hauptmenge des Kühlwassers zur Kondensation des Wasserdampfes dient,
wird zur Speisung des Destillierkolbens ein Teilstrom abgezweigt und
durch eine Kapillare so stark gedrosselt, daß sich das Speisewasser durch
den Dampf auf 80 bis 90° erhitzt. Die Apparate arbeiten selbsttätig und
liefern etwa 2 l destilliertes Wasser pro Stunde. Sie können auch für
Bidestillation eingerichtet werden.

Siedeverzüge lassen sich auf verschiedene Weise verhindern. Man erhitzt die Flüssigkeit lokal mittels einer kleinen elektrisch geheizten
Platinwendel oder erleichtert die Dampfbildung durch ein Gas. Meist
wird Luft durch eine feine Kapillare eingeleitet; in vielen Fällen genügt
auch die in porösem Material vorhandene Luftmenge. Man gibt daher
als Siedeerleichterer unglasierte Tonscherben, Bimssteinstücke oder Glasfritten in den Kolben. Diese Methode wirkt natürlich nur so lange, als

diese Stoffe noch nicht entgast sind; daher müssen sie nach jeder Destillation getrocknet werden.

Wirksam ist auch Teflon, das hitzebeständig bis 200° und gegen chemische Angriffe sehr widerstandsfähig ist. Da dieser Stoff von den meisten Flüssigkeiten nicht benetzt wird, bleibt ein dünner Luftfilm, der die Blasenbildung begünstigt.

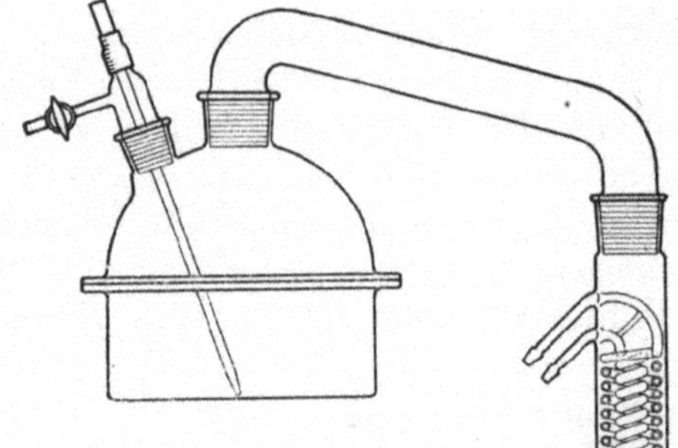

Abb. 108. Vakuumverdampfer nach FRIEDRICHS-HAUSMANN

Glasgrieß und Glasfritten, die an die Kolbenwand angeschmolzen sind, erschweren die Reinigung.

Erreicht ein Stoff unter seinem Schmelzpunkt den

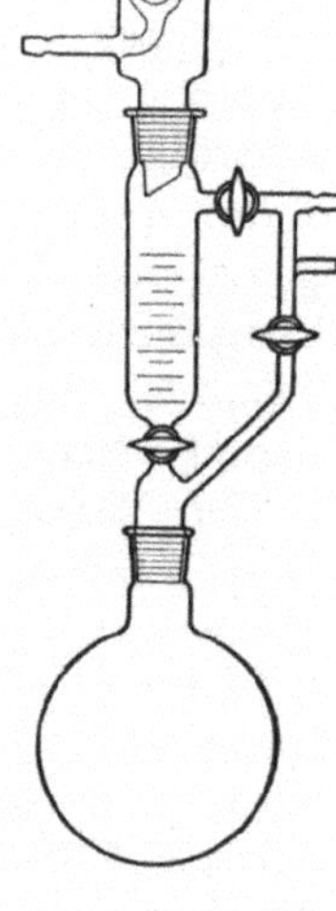

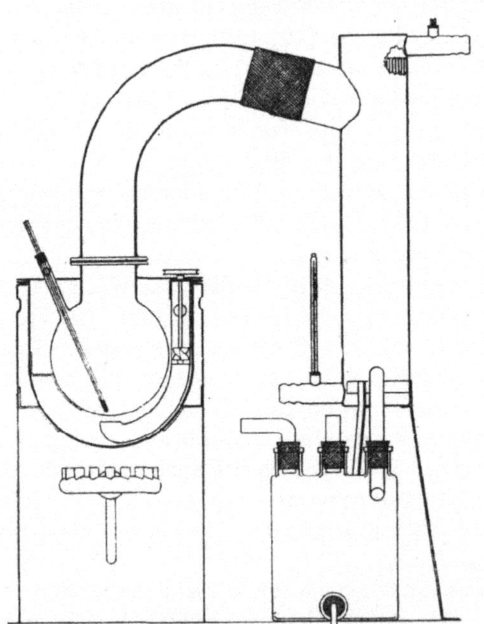

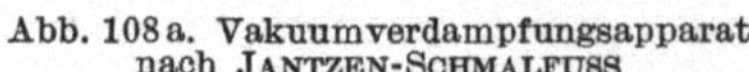

Abb. 108a. Vakuumverdampfungsapparat nach JANTZEN-SCHMALFUSS

Dampfdruck von einer Atmosphäre, so verdampft er, ohne zuvor in den flüssigen Aggregatzustand überzugehen, er sublimiert. Im Hochvakuum und unter Tiefkühlung lassen sich die meisten Stoffe sublimieren. Die Sublimierapparate unterscheiden sich grundsätzlich nicht von den Destillierapparaten. Da keine Flüssigkeit auftritt, kann der Weg des Dampfes auf wenige Millimeter verkürzt werden. Die Sublimate schlagen sich am Kühler in der Reihenfolge ihrer Flüchtigkeit nieder. Die gebräuchlichsten Apparate für Mikrosublimation sind die nach DIEPOLDER-BERN- HAUER [51] (Abb. 110), SLOTTA (Abb. 111) und MARBERG [52] (Abb. 112). Der letztere kann mit flüssiger Luft gekühlt werden.

Hochsiedende Stoffe, die sich bei Siedetemperatur zersetzen, lassen sich unter Hochvakuum in Molekular-Destillierapparaten [53] weitgehend reinigen und trennen. Obwohl diese Methode keine scharfe Trennung ermöglicht, gestattet sie doch viele Substanzen zu destillieren, bei denen die gewöhnlichen Verfahren versagen.

In den üblichen Destillierapparaten ist es nicht möglich, über der verdampfenden Flüssigkeit Drucke unter 1 mm zu erreichen. Die aus der Oberfläche austretenden Moleküle kollidieren miteinander und werden zum Teil zurückgeworfen. Bei einem Vakuum unter 10^{-4} mm und sehr kurzem Weg zur Kühlfläche ist es möglich,

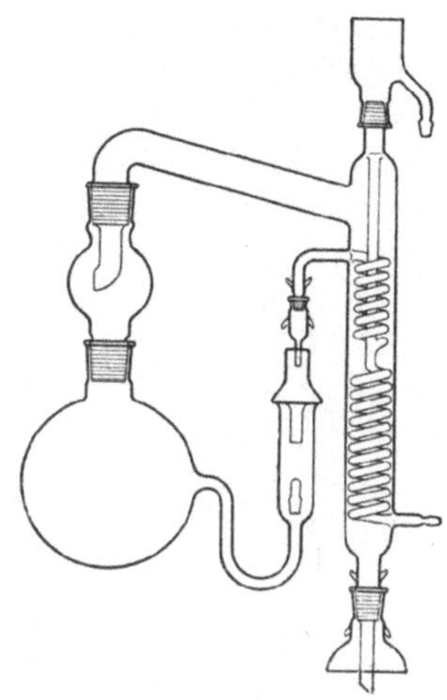

Abb. 109. Destillierapparat zur Gewinnung von schwermetallfreiem Wasser mit Speisewasservorwärmung

die Verdampfungstemperatur um etwa 200° zu senken. Da die freie Weglänge, d. h. der Weg geringster Kollision etwa 5 mm beträgt, soll die Entfernung zwischen der verdampfenden Oberfläche und der Kühlfläche möglichst nicht größer sein.

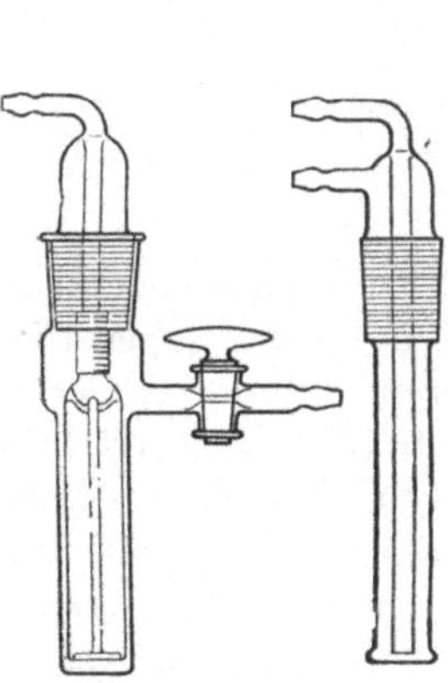

Abb. 110.
Mikrosublimierapparat nach
DIEPOLDER-BERNHAUER

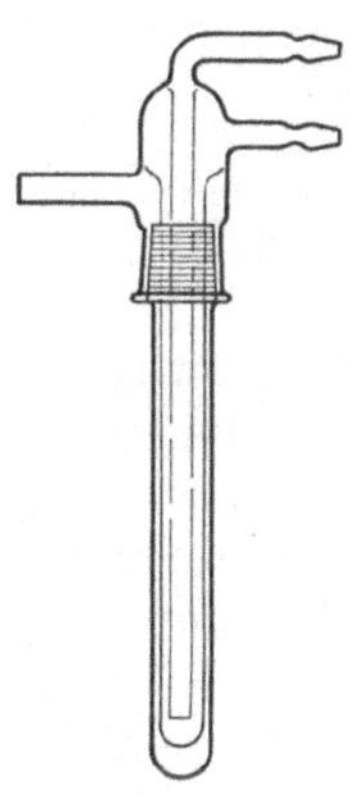

Abb. 111.
Mikrosublimierapparat
nach SLOTTA

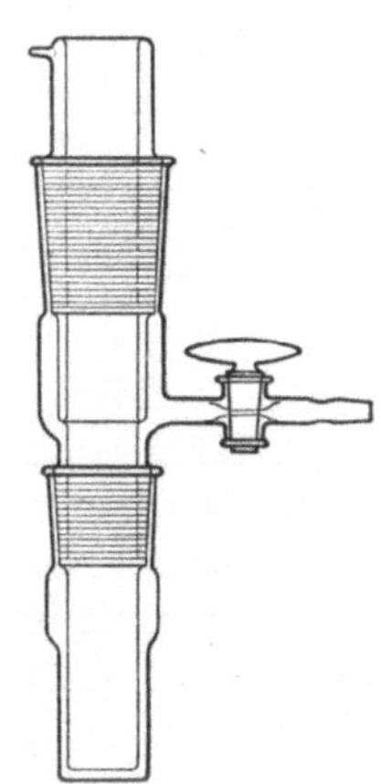

Abb. 112.
Mikrosublimierapparat
nach MARBERG für
tiefe Temperaturen

16. Kühler

Für die Wirksamkeit eines Kühlers [54] sind folgende Bedingungen maßgebend:

Die Kühlfläche soll möglichst groß sein; jedoch setzen glastechnische Schwierigkeiten bald eine Grenze. Ohne daß der Kühler unhandlich wird, läßt sich am leichtesten beim DIMROTH-Kühler (Abb. 113) die Oberfläche vergrößern. Während die wirksame Oberfläche beim 100 cm langen genormten LIEBIG-Kühler (DIN DENOG 31) etwa 400 cm^2 beträgt, kann

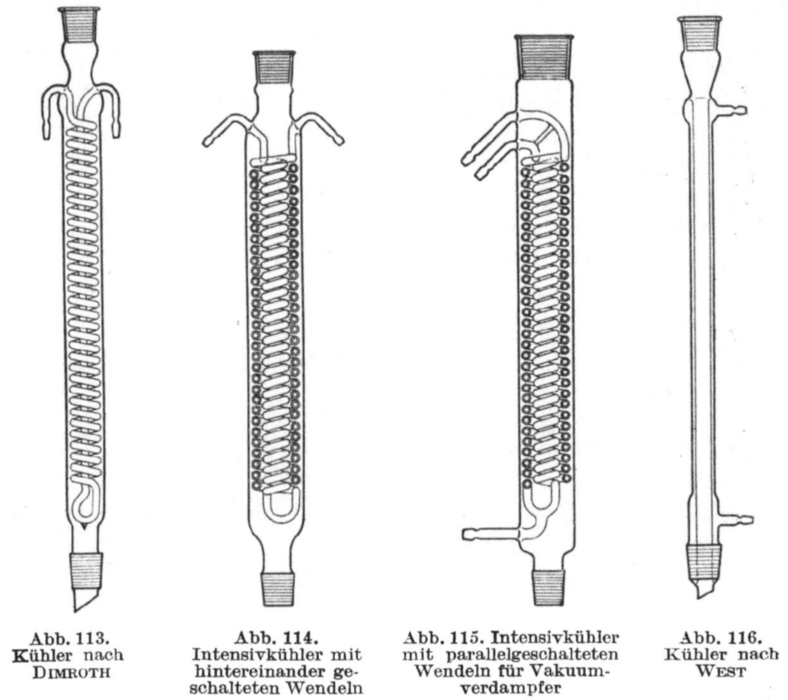

Abb. 113.
Kühler nach
DIMROTH

Abb. 114.
Intensivkühler mit
hintereinander ge-
schalteten Wendeln

Abb. 115. Intensivkühler
mit parallelgeschalteten
Wendeln für Vakuum-
verdampfer

Abb. 116.
Kühler nach
WEST

die gleiche Kühlfläche mit einer DIMROTH-Wendel schon in einem 30 cm langen Kühlermantel untergebracht werden. Ein 100 cm langer DIMROTH-Kühler weist eine Kühlfläche von etwa 1200 cm^2 auf, die durch eine Doppelwendel auf 2500 cm^2 erhöht werden kann (Abb. 114 und 115).

Sehr wichtig ist ferner eine gute Bespülung der Kühlfläche durch das Kühlwasser, damit der ruhende Flüssigkeitsfilm, der den Wärmeübergang behindert, entfernt wird. So kann die Wirkung eines LIEBIG-Kühlers um 50% gesteigert werden, wenn der Abstand von Kühlermantel und Kühlrohr von 8 mm auf 1 mm verringert wird. Diese günstige Wirkung wird beim WEST-Kühler erreicht (Abb. 116) (DIN E 12582).

Die Verengung des Kühlmantels bringt als weiteren Vorteil noch eine wesentliche Gewichtsersparnis und die Möglichkeit, die Kühler mit kleineren Stativklemmen zu montieren. Mit hoher Geschwindigkeit strömt auch das Kühlwasser durch die DIMROTH-Spirale und den Schraubenkühler, während der genormte Kugelkühler (DIN 12580) tote Räume mit ungenügender Bespülung aufweist.

Der Rohrquerschnitt soll genügend weit sein, damit das Kühlwasser mit einer Geschwindigkeit von 500 bis 1000 ml/min durchströmen kann. Diese Wasserentnahme wird von jeder Wasserleitung vertragen; darum ist es falsch, an Kühlwasser sparen zu wollen.

Hohe Wassergeschwindigkeit senkt auch die Zu- und Ablauftemperatur des Kühlwassers, wodurch bei niedrig siedenden Flüssigkeiten Verdampfungsverluste vermieden werden; denn das Kondensat wird höchstens auf die Temperatur des Kühlwassers abgekühlt. Um eine möglichst niedrige Ablauftemperatur des Kühlwassers zu erreichen, ist es zweckmäßig, beim Doppelwendel-DIMROTH-Kühler, jede einzelne Spirale direkt mit Frischwasser zu speisen, also die Wendeln nicht hintereinander (Abb. 114), sondern parallel zu schalten (Abb. 115).

Der Kühlraum soll beim Rückflußkühler weit sein, um eine Verstopfung durch das rücklaufende Kondensat zu verhindern.

Häufige Richtungsänderung des Dampfstromes ist vorteilhaft, denn bei geradem Durchgang des Dampfes in kurzen Rückflußkühlern kann es vorkommen, daß nach einem Siedeverzug der Dampf den Kühlraum ohne Kondensation durchstößt, ein Mangel, der bei dem genormten Kugelkühler mitunter zu beobachten ist. Der Kühlermantel soll in feuchter Luft nicht beschlagen. Dies ist besonders der Fall bei Kühlern mit Wassermantel. Bei den anderen Konstruktionen tritt dieser Nachteil höchstens an den Zu- und Ableitungsröhren des Kühlwassers in Erscheinung. Gegebenenfalls empfiehlt es sich, den Kühlermantel mit einer Auffangschale [55] für das Kondenswasser zu versehen, oder dieses durch Glocken von den Schliffverbindungen abzuhalten.

Die Bauhöhe soll bei Rückflußkühlern möglichst gering sein.

Die Dampfzuführung soll bei Kühlern zur Destillation großer Mengen weit sein, damit durch Stauung keine Druckerhöhung im Destillierkolben eintritt, die den Siedepunkt erhöht.

Überblickt man all diese Bedingungen, so erkennt man, daß unter den zahlreichen Kühlertypen eine hervorragende Stelle der DIMROTH-Kühler einnimmt, der sich nicht nur als Rückflußkühler bewährt, sondern auch zur Destillation großer Flüssigkeitsmengen eignet (DIN E 12591).

Kühler mit gekühltem Schliff bieten den großen Vorteil, daß sich der Schliff auch bei sehr lange andauernder Erhitzung nicht festsetzen kann (Abb. 116).

Schraubenkühler nach FRIEDRICHS [56] (Abb. 117) haben vor allem im Ausland eine weite Verbreitung gefunden. Ihre gute Wirkung beruht darauf, daß das Kondensat senkrecht ablaufen kann und durch einen hydraulischen Verschluß zwischen Schraubenschneide und Zylinderwand den Dampf zwingt, den Schraubengängen zu folgen. Unter den Kühlern gleicher Kühlwirkung haben die Schraubenkühler die kleinste Bauhöhe. Da die Herstellung dieser Kühler nicht ganz einfach ist, sind in letzter Zeit leider minderwertige Nachahmungen in den Handel gekommen.

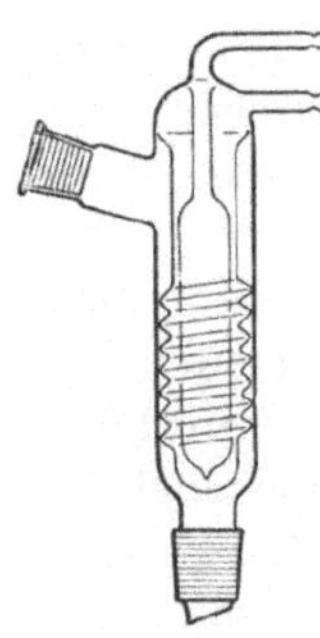

Abb. 117.
Schraubenkühler
nach FRIEDRICHS

Der genormte Schlangenkühler (DIN 12590) ist ein Destillationskühler für mittlere Flüssigkeitsmengen. HENKEL erreichte eine bessere Bespülung der Schlangen, indem 2 Wendeln ineinander gelegt wurden. Der Dampf durchströmt die innere Wendel, das Kühlwasser den Zwischenraum. Dieser Schlangenkühler entspricht also einem gewendelten WEST-Kühler.

Bei der fraktionierten Destillation im Laboratoriumsmaßstab kommt es weniger auf große Destilliergeschwindigkeiten an, als auf einen geringen Benetzungsrückstand, damit die Fraktionen sich nicht wieder vermischen. Diese Bedingung wird am besten durch einen LIEBIG-Kühler mit engem Mantel erfüllt.

17. Absorptionsgeräte für flüssige Absorptionsmittel

Durch eingehende Versuche mit Kohlendioxyd- und Schwefeltrioxyd-Luft-Gemischen konnte folgendes festgestellt werden.

Gaswaschflaschen mit Düsen von 5 mm und darüber absorbieren bei einer Gasgeschwindigkeit von 75 ml/min aus CO_2-Luftgemischen etwa 90% des Kohlendioxydes nahezu unabhängig von der Konzentration der Kalilauge und des Gasgemisches. Schaltet man zwei dieser Waschflaschen z. B. nach DRECHSEL, hintereinander, so werden 99% des CO_2 absorbiert. Das Absorptionsmittel kann also im Verhältnis 10:1 in den beiden Waschflaschen verteilt werden. Aus SO_3-Luftgemischen absorbiert diese Waschflasche bei einer Geschwindigkeit von 400 ml/min 23%.

Eine Verengung der Düse der DRECHSEL-Waschflasche auf 1,5 mm hat keinen Einfluß auf die Leistung. Erst unter 1,5 mm steigt die Leistung, aber auch der Druckbedarf, um den Widerstand der Düse zu überwinden. Bei SO_3 konnte zwischen Düsenweiten von 6 und 0,2 mm eine Verbesserung der Absorptionswirkung von durchschnittlich 300% von 23 auf 72% festgestellt werden. Der Widerstand stieg allerdings auf das Siebenfache, von 10 auf 70 mm. Mit Glasfritten Nr. 1 konnte eine 93%ige Absorption des SO_3 erreicht werden. Der Druckbedarf war

105 mm, also so groß, daß für zwei solcher Waschflaschen der Druck des KIPPschen Apparates nicht mehr ausreichte.

Bei CO_2 ist die Absorption nur mit Fritte, Schraube und Glocken quantitativ. SO_3-Nebel werden von der Schraubenwaschflasche quantitativ absorbiert, wenn die Schraube mit feuchtem Glasgrieß von einer

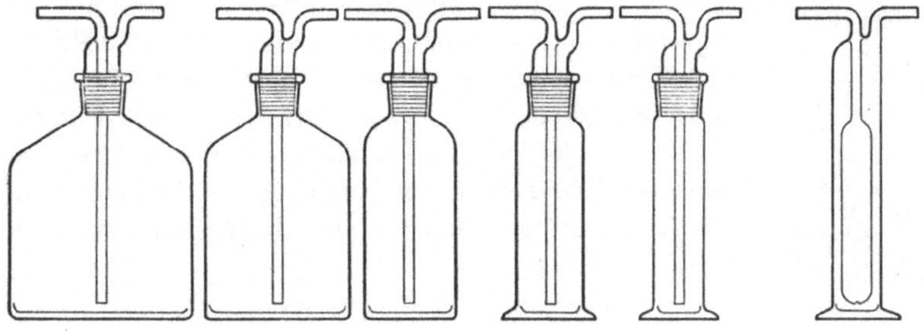

Abb. 118.
Gaswaschflaschen nach DRECHSEL

Abb. 119.
Gaswaschflaschen
nach MUENCKE

Korngröße von 0,3 bis 0,5 mm gefüllt wird. Eine Füllung mit Perlen von 2 mm Durchmesser war fast wirkungslos. Der Widerstand der Schraubenwaschflasche [57] betrug 10 mm, mit Grießfüllung 30 mm. Der Widerstand der Waschflasche mit Fritte dagegen 105 mm.

In Beachtung des erforderlichen Druckbedarfes der Waschflaschen dürfte die Schraubenwaschflasche allen anderen weit überlegen sein.

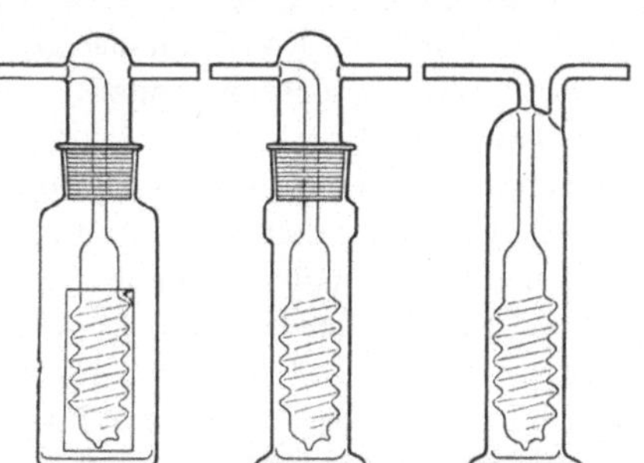

Abb. 120. Schraubengaswaschflasche
nach FRIEDRICHS

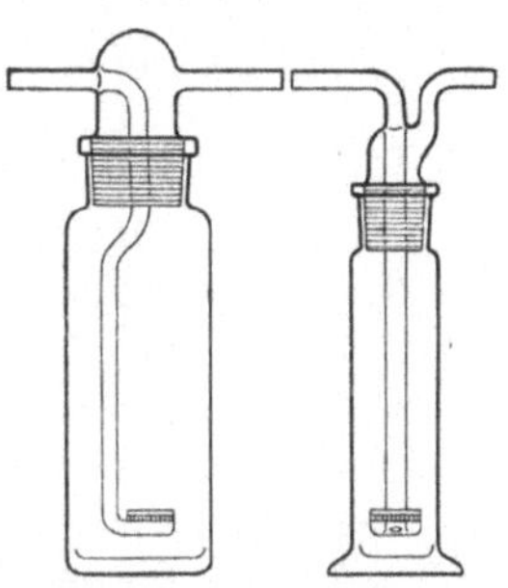

Abb. 121. Gaswaschflasche
nach SCHOTT mit Glasfritte

Während die Waschflasche mit Fritte durch die feine Verteilung des Gases die hohe Wirkung erzielt, erreicht die Schraubenwaschflasche den gleichen Effekt mit einem Zehntel des Druckes durch Verlängerung des Weges und damit der Einwirkungszeit.

Da für viele Zwecke die Wirkung der DRECHSEL-Waschflasche, vor allem, wenn mehrere hintereinander geschaltet werden, ausreicht, ist dieselbe mit Inhalten von 100 bis 2000 ml genormt (DIN DENOG 42)

(Abb. 118). Alle Hälse tragen einheitlich den Schliff NS 29. Außerdem ist die Waschflasche nach MUENCKE mit eingeschmolzenen Zu- und Ab-

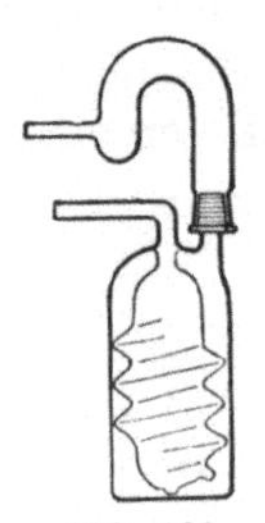

Abb. 122.
Schraubenkali-
apparat nach
FRIEDRICHS

leitungsrohren genormt (Abb. 119) (DIN 12482). Sie hat einen Inhalt von 100 ml. Als Hochleistungsflaschen sind die Schraubenwaschflasche (Abb. 120) und die Waschflasche mit Fritte erforderlich (Abb. 121). Es muß hier festgestellt werden, daß die Schraubenwaschflasche von vielen Seiten nachgeahmt wird, leider jedoch oft in einer Minderwertigkeit, die sie unbrauchbar macht. Für analytische Zwecke ist es vorteilhaft, die Waschflasche mit wenig Waschwasser leicht ausspülen zu können. Auch diese Voraussetzung ist bei den beiden letzten Typen erfüllt.

In der Form einer wägbaren Waschflasche, als Kaliapparat [58], hat sich die Schraube vorzüglich bewährt. Sie arbeitet dank der guten Absorption mit wenig Kalilauge, ist also leicht und hat eine kleine, glatte Oberfläche und geringen Gaswiderstand (Abb. 122).

18. Absorptionsgeräte für feste Absorptionsmittel

Man unterscheidet Absorptionsgeräte für präparative und analytische Zwecke. Während die ersteren dazu dienen, größere Gasmengen von

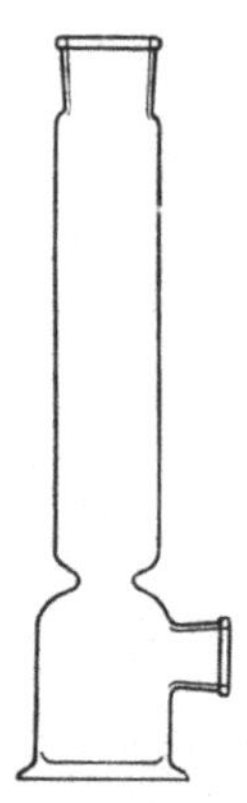

Abb. 123.
Trockenturm

fremden Bestandteilen, z. B. Wasser oder Kohlendioxyd zu reinigen, sind die zweiten dazu vorgesehen, diese Beimischungen analytisch zu bestimmen. Da dies meist gravimetrisch geschieht, müssen die Absorptionsapparate für analytische Zwecke wägbar sein.

Für präparative Zwecke werden Trockentürme in Höhen von 240 bis 500 mm verwandt. Außer den genormten unten am Stopfentubus versehenen Trockentürmen nach FRESENIUS (DIN 12500) (Abb. 123) werden die Trockentürme auch mit angeschmolzenen Gas-Zu- und Ableitungsröhren, sowie mit einem Hahnstopfen hergestellt. Auch für flüssige Absorptionsmittel können die Trockentürme Verwendung finden, wenn als Trägermasse Bimsstein oder Koksstücke eingefüllt und diese mit dem Absorptionsmittel aus einem Tropftrichter berieselt werden (Modell Richards). Im Rieselturm nach ZOLTAN-VARESS [59] wird die Absorptionsflüssigkeit mit dem Gasstrom durch eine Kapillarpumpe emporgehoben. Auch größere U-Rohre sind für präparative Zwecke gut brauchbar, besonders wenn sie beiderseits mit NS-Schliffen versehen sind. Aus diesen U-Rohren lassen sich beliebig lange Kombinationen bei geringem Raumbedarf zusammensetzen (Abb. 124).

Für analytische Zwecke benutzt man meist U-Rohre, in die zum Beispiel Chlorkalzium eingeschmolzen ist oder U-Rohre mit Hahnstopfen (DIN 12615) (Abb. 125). Sie sind in Größen (Höhen) von 100 bis 200 mm genormt.

Die geraden Chlorkalziumrohre dienen nur zum Schutz gegen Feuchtigkeit und zum Druckausgleich (DIN 12610).

Das Trocknen von Gasen erfolgt mit Phosphorpentoxyd, Schwefelsäure, Chlorkalzium und neuerdings mit Kieselgel und Magnesiumperchlorat. Falls das entwickelte Acethylen nicht schadet, ist Kalziumkarbid ein gutes Trockenmittel. Das beste Trockenmittel ist das Ausfrieren über einer aktiven Kohle oder Kieselsäure. Für analytische Zwecke, bei denen es auf eine Konstanz der Trocknung, weniger auf absolute Trocknung ankommt, verwendet man Chlorkalzium. Die Tension des Monohydrates ist so lange konstant, als es nicht vollständig in das nächsthöhere Hydrat oder in seine gesättigte Lösung umgewandelt ist. Bei Verwendung des vorzüglich trock-

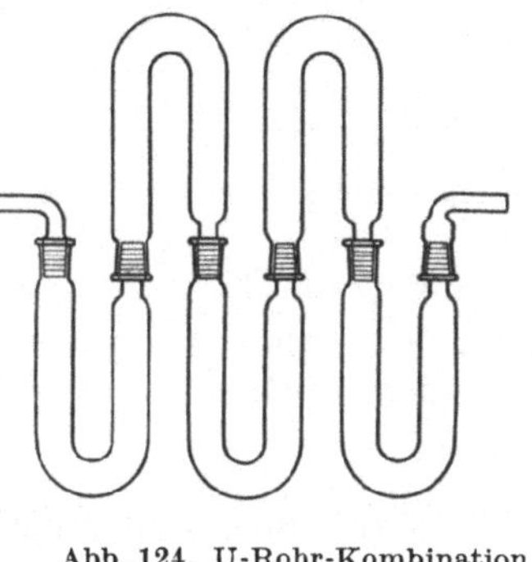

Abb. 124. U-Rohr-Kombination

Abb. 125. Chlorkalziumrohr mit Hahnstopfen und Versteifung

nenden Phosphorpentoxydes ist zu beachten, daß dieses sich im Gebrauch mit einer zähen Schicht von Metaphosphorsäure überzieht und dadurch das eingehüllte feste Oxyd unwirksam macht. Man schichtet es deshalb auf Glaswolle oder man bringt nach DENNIS einen oder zwei Rührer an, mit denen man das Absorptionsmittel umrühren kann.

Die bei Chlorkalzium erforderliche vorherige Sättigung mit Kohlendioxyd kann bei Verwendung von Magnesiumperchlorat unterbleiben.

Bei der Absorption von Kohlendioxyd durch Natronkalk ist zu beachten, daß dieser Stoff trocken unwirksam ist, somit eine bestimmte Wassertension haben soll. Diese Feuchtigkeit muß bei quantitativen Analysen zurückgehalten werden. Man pflegt daher das hintere Ende des Natronkalkrohres mit einer Chlorkalziumschicht zu füllen.

Um den Natronkalk länger wirksam zu erhalten und das Chlorkalzium vor dem Zerfließen zu bewahren, sind von SUCHARDA und dem Verfasser Absorptionsröhren konstruiert worden, die es ermöglichen, bei Nichtgebrauch beide Absorptionsmittel zu trennen. Das geschieht entweder durch einen Hahn, oder ein Quecksilbertröpfchen, wie es von CONWELL als Endverschluß seiner Absorptionsröhren verwandt wurde.

Für die Mikroelementaranalyse sind die Absorptionsrohre nach PREGL (Abb. 126), BLUMER (Abb. 127) und BÜRGER die gebräuchlichsten. Wichtig ist, das BLUMER-Rohr mit einer Flaschenträger-Rille zu versehen, um das Austreten von Hahnfett zu verhindern. Die Schliffe der Absorptionsrohre nach PREGL und BÜRGER werden festgekittet, da sie nicht gedreht zu werden brauchen. Die Verbindungsschliffe des BÜRGERschen Rohres bleiben natürlich ungefettet. Um eine elektrostatische Aufladung nach dem Abreiben zu verhindern und damit die Wägung zu beschleunigen, werden diese Rohre aus einem Glase der dritten hydrolytischen Klasse gefertigt. Die Wasser-

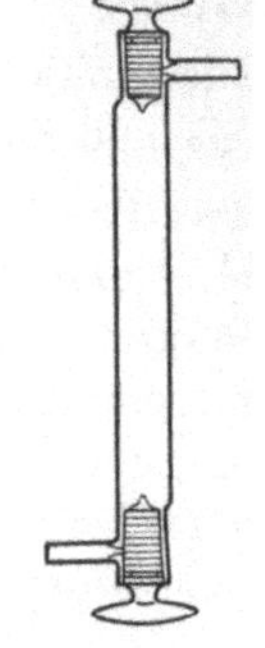

Abb. 127.
Mikroabsorptionsrohr
nach BLUMER

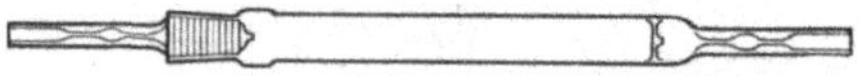

Abb. 126. Mikroabsorptionsrohr nach PREGL

haut dieses Glases genügt, um die Ladung auszugleichen. Das gleiche kann erreicht werden, wenn die Luft im Waagenkasten durch ein radioaktives Präparat ionisiert wird.

19. Meßkolben und Meßflaschen

Die Normung sieht Eng- und Weithalsmeßkolben vor (DIN 12662 und 12663) (DIN 12665 u. 12666). Je nach den Genauigkeitsansprüchen der analytischen Methode kann die eine oder andere Form eingesetzt werden. Neben diesen Meßkolben sind Kropfhalsmeßkolben und Meßflaschen nach STOHMANN genormt. Beide in weithalsiger Ausführung (DIN 12670 u. 12671) (DIN 12675 u. 12676).

Die Halsweiten dürfen aus glastechnischen Gründen ein bestimmtes Verhältnis zum Kolbeninhalt nicht unterschreiten, da sonst der Hals der Reibung des Kolbens in der Form nachgibt und sich verdreht. Verdrehte Hälse sind wegen ihrer Ungleichmäßigkeit unbrauchbar. Der Enghalsmeßkolben hat in dieser Hinsicht das äußerste Maß erreicht.

Die Vorschriften über Lage der Inhaltsmarke im Hals haben glastechnische Schwierigkeiten gebracht. Die engen Toleranzen der Norm führen zu erheblichem Ausfall bei der Fertigung gegen früher. Man hat damit eine Vergrößerung des Schüttelraumes erreichen wollen, leider auf Kosten der Herstellung. Der Verbraucher wünscht die Lösungen im Meßkolben selbst herzustellen, also feste Stoffe einzuwägen, auf die Inhaltsmarke aufzufüllen und nach Lösung zu schütteln. Mitunter wird hierbei der Kolben noch erhitzt, was bei Meßgeräten unzulässig ist. Besser ist es, die festen Stoffe in einem Becherglas zu lösen, in den Meßkolben überzuspülen und nach kräftigem Durchschütteln auf die Marke aufzufüllen. Um ein größeres Schüttelvolumen zu bekommen, wurde der Kropfhalskolben genormt. Dabei wurde jedoch nicht berücksichtigt, daß die Toleranz für die Lage der Inhaltsmarke dadurch noch weiter erheblich verengt wird. Zur Vergrößerung des Schüttelraumes dient auch der vom Verfasser [60] vorgeschlagene Kugelaufsatz (Abb. 127a). Für die STOHMANN-Flaschen ist eine gedrungene Form und ein möglichst spitzer Übergangskegel zum Hals verlangt worden. Das Ideal in dieser Hinsicht ist der Meßkolben. Die STOHMANN-Flasche dürfte danach überhaupt überflüssig werden.

Sämtliche Meßkolben und Meßflaschen sind mit und ohne Normschliffstopfen genormt.

Über Stopfen zu Meßkolben siehe S. 69.

Das Einblasen von Stopfenbetten hat für die Glasindustrie erhebliche Schwierigkeiten gebracht, da es das Drehen des Glaskörpers in der Form erschwert. Enghalsmeßkolben werden deshalb bisher ohne Einschnürung im Hals eingeblasen. Das Schliffbett wird nachträglich vor der Lampe aufgetrieben.

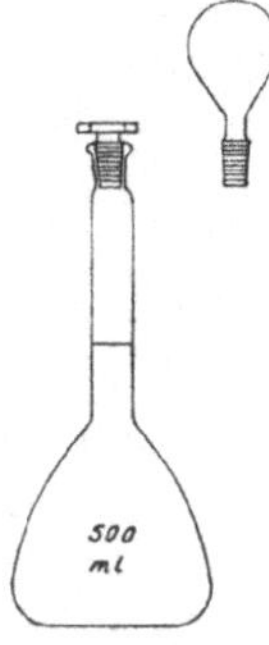

Abb. 127a.
Meßflasche mit
Kugelaufsatz

Um das zeitraubende Temperieren der Lösung zu vermeiden, ist angeregt worden, die Inhaltsmarke mit einer Temperaturskala zu versehen. Dem steht die Tatsache entgegen, daß die Ausdehnungskoeffizienten sogar der stark verdünnten Normallösungen zu unterschiedlich sind.

Die Marken sind auf den tiefsten Punkt des Meniskus eingestellt. Für undurchsichtige Flüssigkeiten, bei denen nur der obere Rand des Meniskus abgelesen werden kann, ist daher eine besondere Korrektion erforderlich, wenn man sich nicht in Sonderfertigung besonders justierte Meßkolben herstellen lassen will.

20. Meßzylinder

Meßzylinder werden wie folgt gebraucht: Aus einem Vorratsbehälter wird der Meßzylinder bis zu dem der gewünschten Flüssigkeitsmenge entsprechenden Teilstriche gefüllt, ausgegossen und nach einer Wartezeit von $^1/_2$ Minute abgestrichen. Hiernach müßten sämtliche Meßzylinder auf Ausguß justiert werden, wenn die im Zylinder als Benetzung zurückbleibende Flüssigkeitsmenge bei allen Flüssigkeiten die gleiche wie bei Wasser wäre. Das ist aber nur bei verdünnten Lösungen der Fall. In allen anderen Fällen zeigt die Glasoberfläche ganz verschiedene Benetzbarkeit. Da es aus technischen Gründen natürlich unmöglich ist, für jede Flüssigkeit besonders justierte Meßzylinder anzufertigen, bleibt, wenn man Wert auf einigermaßen genaue Abmessungen legt, nur der Ausweg, auf Einguß justierte Meßzylinder zu verwenden und dieselben nach dem Ausgießen mit dem verdünnenden Lösungsmittel auszuspülen oder eine empirisch gefundene Korrektur vorzunehmen. Im allgemeinen wird man jedoch Meßzylinder nur für Messungen verwenden, bei denen der Fehler größer als der Benetzungsrückstand sein darf.

In Anbetracht der geringen Meßgenauigkeit hat die Normung auch auf die erst vorgesehene Ringteilung verzichtet und sich mit Strichteilung begnügt. Diese Meßzylinder sind demnach nicht eichfähig.

Dem Gebrauch entsprechend ist Null am Boden des Zylinders. Da die untersten Teilstriche nur sehr unzuverlässig sind, bleiben die untersten 10% des Gesamtvolumens ungraduiert. Zum Abmessen derartig kleiner Mengen nimmt man wegen der sehr großen Benetzungsfehler besser einen Meßzylinder von kleinerem Fassungsvermögen.

Neben diesen genormten Meßzylindern (DIN 12680) sind für noch weniger genaue Messungen kürzere Meßzylinder, sogenannte Mensuren gebräuchlich. Diese sind bei größerem Querschnitt nur $^2/_3$ so hoch wie die genormten Meßzylinder gleichen Inhalts und wegen der größeren Standfestigkeit in der Technik beliebt. Die konischen und glockenförmigen Mensuren sind dagegen entbehrlich.

Genormt sind Meßzylinder von 5 bis 2000 ml Inhalt.

21. Mischzylinder

Mischzylinder dienen zum Verdünnen von Lösungen. Sie brauchen daher nur auf Einguß justiert zu werden. Dementsprechend ist auch hier Null am Fuß, wegen des großen Benetzungsfehlers. Die untersten 10% des Inhaltes bleiben ungraduiert. Sie sind in den gleichen Größen wie die Meßzylinder genormt (DIN 12685) und werden mit austauschbarem Stopfen geliefert.

22. Vollpipetten

Vollpipetten gehören zu den verbreitetsten Meßgeräten des chemischen Laboratoriums, da sie, falls sorgfältig justiert, große Genauigkeit mit bequemer Handhabung vereinigen. Voraussetzung ist jedoch, daß sie richtig gebraucht werden. Da hierüber die Ansichten weit auseinander gehen, dürfte eine Beschreibung des richtigen Gebrauches der Pipetten gerechtfertigt sein (DIN 12690).

Die saubere, vor allem fettfreie Pipette, deren Innenfläche trocken oder mit der abzumessenden Flüssigkeit benetzt ist, wird bis höchstens 20 mm in die Flüssigkeit eingetaucht und durch Saugen bis etwa 10 mm über die Marke gefüllt. Dann verschließt man das Saugrohr mit dem

Finger, hebt die Pipette aus der Flüssigkeit, stellt den tiefsten Punkt des Meniskus auf die Marke ein und streicht die Spitze an der Gefäßwand ab. Hierauf läßt man sie an der Wand des Gefäßes, welches die abzumessende Flüssigkeit aufnehmen soll, frei auslaufen und streicht nach einer Wartezeit von 15 Sekunden an der zweiten Gefäßwand ab. Fehlerhaft ist das Ausblasen mit dem Munde oder durch Erwärmen des Pipettenkörpers mit der Hand. Die Anbringung einer zweiten Marke am Auslaufrohr gibt zwar etwas genauere Messungen, erschwert diese jedoch durch eine zweite Meniskuseinstellung.

Wie alle anderen Meßgeräte auf Ausguß sind auch hier Auslauf- und Wartezeiten auf Wasser eingestellt. Flüssigkeiten mit einer anderen Oberflächenspannung, wie sie schon normale wässerige Lösungen darstellen, müssen daher fehlerhafte Abmessungen ergeben. Genaue Messungen erzielt man in diesem Falle, wie überhaupt allgemein, mit auf Einguß justierten Pipetten, die nach dem Auslauf mit dem Lösungsmittel ausgespült werden. Bei allen titrimetrischen Arbeiten ist dies ohne weiteres möglich. Eine Verzögerung durch das Ausspülen ist dadurch mehr als aufgehoben, daß Eingußpipetten eine wesentlich geringere Auslaufzeit gestatten und keine Wartezeit erforderlich ist. Die Fehlergrenzen der Eingußpipetten können leicht auf die halben Werte der Ausgußpipetten gehalten werden. Dieses Beispiel zeigt auch, daß der Begriff Einguß besser durch Inhalt ersetzt werden sollte. Pipetten, die mit ihrem Körper bis zur Marke eingetaucht, also nicht angesaugt werden, beanspruchen durch die Verdoppelung der benetzten Fläche sehr große Fehlergrenzen (Stechpipetten).

Die britische Normung sieht eine Auswaschpipette vor, in welche eine zweite Pipette mit Hahn als Kolben eingesetzt wird, die mit der Spülflüssigkeit gefüllt ist (B. S. 1428: Part D 2:1950).

Der Wunsch, mit allen Pipetten bis zum Boden der Meßflaschen reichen zu können, um auch letzte Reste herauszupipettieren, läßt sich nur so weit verwirklichen, als der Durchmesser des Pipettenkörpers nicht größer ist als die Halsweite der Meßflasche. Die Halslänge der Meßflaschen zu verkürzen, ist aus technischen Gründen nicht angängig. Eine Verlängerung der Auslaufrohre macht die Pipetten unhandlich und zerbrechlich. Da ja Meßflaschen auch nur selten als Aufbewahrungsgefäße für Normallösungen dienen und Reagenzienflaschen diesen Nachteil nicht besitzen, liegt eigentlich keine Veranlassung vor, die Normung in dieser Richtung zu erschweren.

Während bei den Größen über 5 ml Inhalt die Ansatzröhren (Saug- und Auslaufrohr) wesentlich enger als der Pipettenkörper sind, ist bei den Größen unter 2 ml deren Weite gleich. Bei der 2-ml-Pipette ist der Durchmesser des Auslaufrohres gleich dem des Körpers, während nur das Saugrohr, das ja die Marke trägt, erheblich enger ist. Durch die Vermeidung der Querschnittänderung ist der Benetzungsfehler erheblich verringert, was bei den kleinen Pipetten wichtig ist.

Das lästige und oft nicht ungefährliche Ansaugen der Vollpipetten mit dem Munde wird bei der Überlaufpipette nach FRIEDRICHS [*61*] vermieden. Sie wird mit einem Gummiball gefüllt, dessen Hub so begrenzt werden kann, daß nur wenige Tropfen überlaufen (Abb 128).

Bei den sogenannten Fortunapipetten ist der Gummiball durch eine Ganzglasspritze ersetzt, jedoch ohne selbsttätige Nullpunkteinstellung. Da diese Spritze gut gefettet sein muß, ist nicht zu vermeiden, daß Fett in die Pipette gelangt.

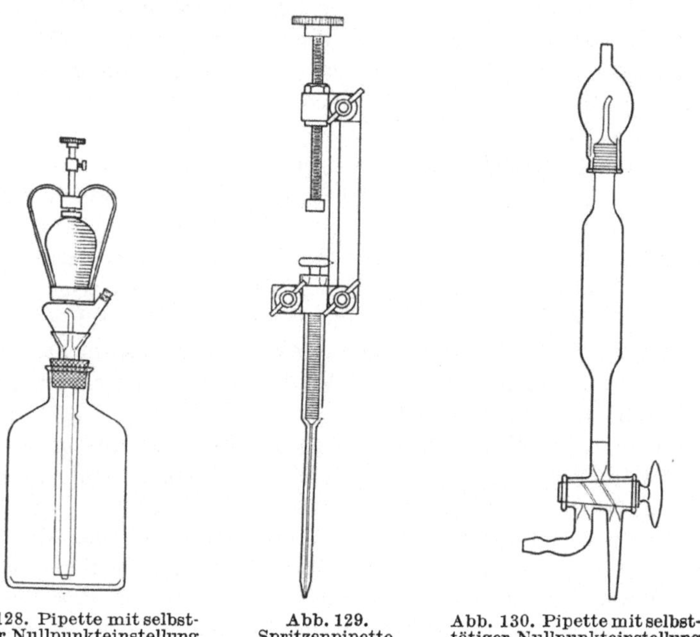

Abb. 128. Pipette mit selbsttätiger Nullpunkteinstellung
nach FRIEDRICHS

Abb. 129.
Spritzenpipette
nach LJUNGGREN

Abb. 130. Pipette mit selbsttätiger Nullpunkteinstellung
nach DAFFERT

Für sehr genaue Abmessungen eignen sich die Pipetten nach LJUNG-GREN [*62*], die sich für mikrochemische Arbeiten, z. B. für die Alkoholbestimmung im Blut nach WIDMARK (Abb. 129) bewährt haben. Da der ungefettete Glaskolben und nicht die Luft die Flüssigkeit verdrängt, sind diese Pipetten unabhängig vom Benetzungsrückstand, also auch von der Oberflächenspannung der abzumessenden Flüssigkeit.

Für geringere Genauigkeit, z. B. zum Abmessen der Schwefelsäure bei der Fettbestimmung in der Milch nach GERBER, genügt ein sogenannter Kippautomat, der auf jede Reagenzienflasche aufgesetzt werden kann.

Von den Pipetten mit selbsttätiger Nullpunkteinstellung hat sich bei Serienuntersuchungen die Überlaufpipette nach DAFFERT (DIN E 12698) durchgesetzt (Abb. 130).

23. Meßpipetten

Sollen Flüssigkeitsmengen, für welche Vollpipetten nicht zur Verfügung stehen, abgemessen werden, so bedient man sich der Meßpipetten. Und zwar arbeitet man am besten wie mit Vollpipetten; das heißt, man stellt auf die entsprechende Marke ein und läßt vollständig auslaufen. Danach müßten Meßpipetten auf vollen Auslauf justiert werden und ihre Bezifferung von der Spitze nach oben ansteigen. Merkwürdigerweise werden jedoch Meßpipetten meist wie Büretten angefertigt, obwohl bei dieser Art der Verwendung nur mit großer Handfertigkeit eine Genauigkeit zu erzielen ist, die die Eichfehlergrenzen auch nur einigermaßen rechtfertigt. Die Deutschen Eichvorschriften bestimmen, daß der unterste Teilstrich mindestens 20 mm vom Beginn der Verjüngung entfernt sein muß, weshalb bei Meßpipetten mit vollem Auslauf an der Spitze ein teilungsfreier Raum bleibt, welcher den Meßbereich um etwa 10% verkleinert. Dies ist praktisch ohne Bedeutung, da die Abmessung der dadurch ausfallenden Volumina in kleineren Meßpipetten mit größerer Genauigkeit möglich ist. Meßpipetten mit vollem Auslauf haben außerdem den Vorteil, daß sie wie Vollpipetten auf Einguß justiert werden können, und damit das Abmessen von Flüssigkeiten gestatten, die andere kapillare Eigenschaften besitzen wie Wasser, da sie ausgespült werden. Ein weiterer Vorteil dieser Meßpipetten auf Einguß ist der, daß Wartezeit und Auslaufzeit keine Rolle spielen, also weite Ausflußdüsen verwendet werden können.

Meßpipetten auf teilweisen Auslauf werden wie Büretten verwendet. Man füllt auf die Nullmarke, die oben sein muß, auf und läßt bis zu dem gewünschten Teilstrich auslaufen. Es ist jedoch nicht ganz leicht, diesen Teilstrich mit der erforderlichen Genauigkeit zu treffen. Bei den benötigten, relativ langen Auslauf- und Wartezeiten ist das oft eine Geduldsprobe.

Genormt sind Meßpipetten für vollen und teilweisen Auslauf (DIN 12695).

Meßpipetten mit einem Innendurchmesser unter 1 mm werden nur auf Einguß geeicht.

Während die Deutsche Eichordnung Auslaufdüsen mit verschmolzenen Rändern gestattet, schreiben einige andere Länder geschliffene und polierte Düsen vor. Wenn auch der Ablauf aus polierten Düsen etwas geregelter sein mag, so ist doch zu bedenken, daß geschliffene Düsen viel stoßempfindlicher sind als verschmolzene und verletzte Düsen natürlich die Pipetten unbrauchbar machen.

24. Büretten

Büretten dienen vorwiegend maßanalytischen Zwecken. Sie werden also nur für verdünnte wässerige Lösungen verwendet und dem Verwendungszweck entsprechend auf Ausguß justiert.

Da der an der Rohrwand haftende Flüssigkeitsfilm unten dicker als oben ist, darf auch ein genau zylindrisches Rohr nicht linear geteilt werden.

Unter Berücksichtigung dieser ungleichen Benetzung sind sämtliche Büretten so justiert, daß sie nach jeder Messung wieder auf den Nullpunkt aufgefüllt werden müssen. Es ist versucht worden, auf die verschiedensten Arten die Parallaxe auszuschalten. Schwimmer haben sich als unbrauchbar erwiesen, desgleichen der Schellbachstreifen. Das zuverlässigste Mittel ist, von Blenden abgesehen, die Ringteilung. Bei Verwendung von Blenden, z. B. der nach GÖCKEL, ist es möglich, auch an Büretten mit Strichteilung die Parallaxe auszuschalten, ohne die Verteuerung der Ringteilung in Kauf nehmen müssen zu.

Es ist versucht worden, die Genauigkeit der Abmessungen dadurch zu steigern, daß man zwei Büretten verschiedenen Inhaltes verwendet und die ganzen ml an der größeren, die Unterteilung an der kleineren Bürette abliest. Dies ist natürlich nur richtig, wenn die Weite beider Büretten an den Marken etwa gleich ist, was bei vielen Konstruktionen nicht zutrifft.

Die Eichvorschrift fordert nur Flüssigkeitsdichtigkeit des Hahnes und erlaubt eingezogene Ausflußdüsen. Das B. of St. bestimmt, daß die Ausflußdüse fest (permanently) mit dem Boden der Bürette verbunden sein muß und nicht eingezogen sein darf. Das Normblatt DIN 12700 gibt keine näheren Bestimmungen. Nach diesen Vorschriften sind in Deutschland sämtliche Hahnarten zugelassen, doch wird für jede Bürette eine besondere Ausflußspitze mitgeeicht, gleichgültig, ob sie mit der Bürette verschmolzen oder durch Gummischlauch oder Schliff verbunden ist. Das B. of St. eicht nur Büretten mit Glashähnen und lehnt Gummiverbindungen ab. Da bei den seitlichen Hähnen die Ausflußdüse nicht fest, sondern durch einen Schliff mit der Bürette verbunden ist, steht die Zulassung dieser Hähne eigentlich im Widerspruch zu den Vorschriften. Besonders schwierig liegen die Verhältnisse bei seitlichen Hähnen mit austauschbarem Küken. Hier muß nach den Vorschriften der PTR für jede Bürette ein besonderes Küken mitgeeicht werden. Die Küken würden hierdurch ihre Austauschbarkeit verlieren. Büretten mit Normschliffhähnen sollten nur mit geraden Hähnen hergestellt werden, da bei ihnen die Ausflußdüse fest mit der Bürette verbunden ist und das Küken auch nach der Eichung austauschbar bleibt.

Für genormte Büretten werden mit Recht Hähne mit einheitlicher Bohrung (2,5 mm) für alle Größen vorgeschrieben.

Das Rohr zwischen Hahn und Ausflußdüse soll nicht weiter als 3 mm sein, damit keine Luftblasen hängen bleiben.

Die Notwendigkeit, Büretten nach jeder Titration neu auf den Nullpunkt einstellen zu müssen, war die Veranlassung, Büretten mit selbsttätiger Nullpunkteinstellung zu konstruieren. Von den vielen Ausführungen ist die von RAMMELSBERG-PELLET die vorteilhafteste und deshalb zur Norm vorgeschlagen (DIN E 12703). Die Lösung passiert auf ihrem Weg zur Bürette keinen Hahn; das Meßrohr kann also nicht verfetten. Der Nullpunkt ist stets kontrollierbar, was bei Flüssigkeiten mit vom Wasser stark abweichenden Oberflächeneigenschaften wichtig ist. Für den letzteren Fall sind Büretten mit einstellbarem Nullpunkt empfohlen worden. Die Bürette steht selbsttragend, also ohne jede Metallarmatur, auf dem Vorratsgefäß. Sie braucht nicht stationär montiert zu werden, sondern ist leicht transportierbar. Die Ausführung nach GÖCKEL, die einen Hahn zwischen Behälter und Meßrohr besitzt, verfettet leicht.

Bei Büretten ohne selbsttätige Nullpunkteinstellung ist es ohne Belang, welcher Punkt des Meniskus und mit welchen Hilfsmitteln (Blenden usw.) er abgelesen wird, da es sich stets um Differenzmessungen handelt. Bei Büretten mit selbsttätiger Nullpunkteinstellung dagegen ist zu beachten, daß die Justierung auf den tiefsten Punkt des Meniskus gegen die Trennungslinie einer oben weißen unten schwarzen Fläche erfolgt ist. Am einfachsten benutzt man ein Stückchen Zeichenpapier mit einem etwa 10 mm breiten horizontalen Tuschestreifen.

Die Büretten mit selbsttätiger Nullpunkteinstellung nach RAMMELSBERG-PELLET haben den großen Vorzug, daß der Meniskus am Nullpunkt die gleiche Gestalt wie an einem Teilraum hat. Diese Büretten können daher wie normale Büretten behandelt werden. Die Verlegung des Füllrohres in das Innere des Meßrohres beeinträchtigt wegen der ungleichförmigen Benetzung des ringförmigen Querschnittes die Meßgenauigkeit erheblich. Daher ist diese Konstruktion abzulehnen.

Bei Mikrobüretten sollte man auf eine selbsttätige Null-Punkt-Einstellung verzichten, da der enge Rohrquerschnitt die Bildung eines gleichmäßigen Meniskus behindert.

Infolge schnellerer Abkühlung beschlägt mit der Zeit die Innenwand des Vorratsgefäßes oberhalb des Flüssigkeitsspiegels. Dieses Kondensat von Wasser verändert den Titer, ist jedoch leicht durch vorsichtiges Neigen und Schwenken der Flasche wieder mit der Titrierlösung zu vereinigen.

Da sich aus glastechnischen Gründen wohl die äußere, nicht aber die innere Flaschenhöhe mit genügender Genauigkeit einhalten läßt, muß das Füllrohr der Bürette auf die niedrigste innere Höhe eingestellt werden. Sonst würde bei Austausch der Flaschen und bei Summierung der Toleranzen das Rohr auf den Boden der Flasche aufstoßen. Bei

Flaschen mit großer innerer Höhe reicht das Füllrohr nicht ganz bis zum Boden der Flasche; ein Rest der Flüssigkeit bleibt also in der Flasche ungenutzt zurück. Um das zu vermeiden, ist das Füllrohr mittels eines Zylinderschliffes teleskopiert worden [63] (Abb. 131 u. 132).

Die Zerbrechlichkeit der Titrierapparate auf Transport und im Gebrauch ist dadurch verringert, daß zwischen Meßrohr und Auslaufhahn ein Normschliff eingeschaltet wurde (Abb. 131).

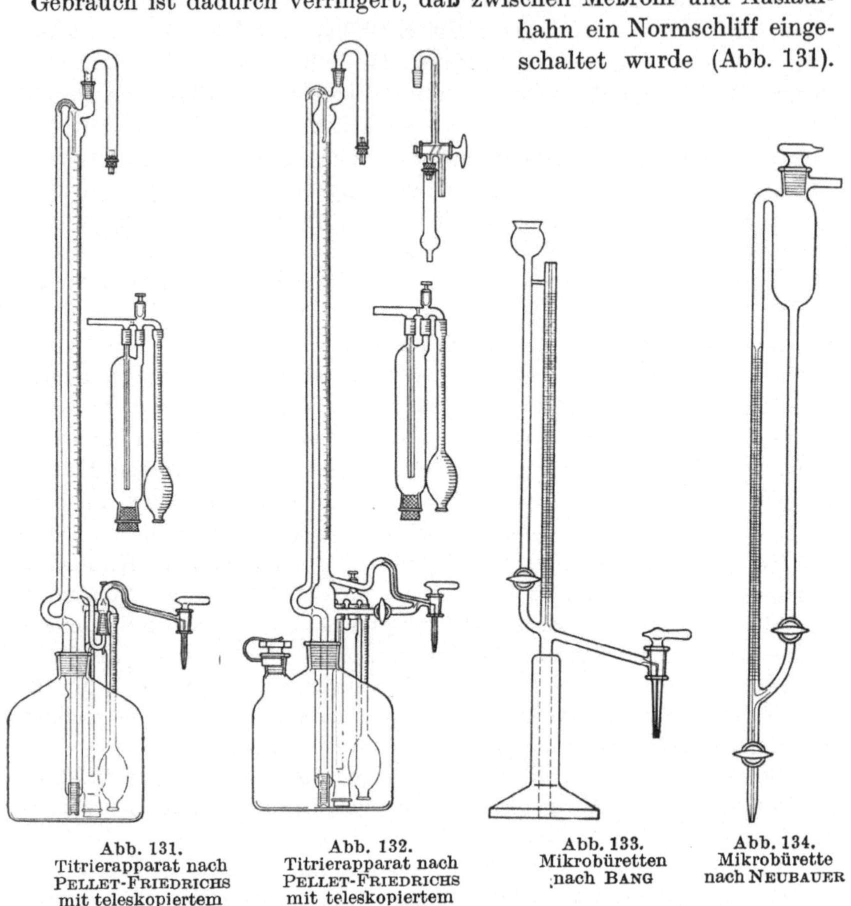

Abb. 131.
Titrierapparat nach
PELLET-FRIEDRICHS
mit teleskopiertem
Füllrohr und schwenk-
barem Auslaufarm

Abb. 132.
Titrierapparat nach
PELLET-FRIEDRICHS
mit teleskopiertem
Füllrohr und Rück-
laufhahn

Abb. 133.
Mikrobüretten
nach BANG

Abb. 134.
Mikrobürette
nach NEUBAUER

In einer weiteren Ausführung (Abb. 132) wurde, um an Bauhöhe zu sparen, der Rücklaufhahn in ein besonderes Rohr verlegt, das zugleich das Ablaufrohr verstrebt. Eine Kombination von Auslauf- und Rücklaufhahn geht auf Kosten der Dichtigkeit, ist deshalb nicht empfehlenswert.

Das von den Hähnen hochsteigende Fett wird in dem Bogen des Auslaufrohres abgefangen, so daß es das Meßrohr nicht verfetten kann.

Bei der von ARNOLD konstruierten Kolbenbürette dient als Meßrohr ein KPG-Rohr, in dem die Titrationsflüssigkeit einen Kolben treibt. Die Kolbenbürette ist frei von den Fehlern bisher bekannter Büretten. Sie hat weder Benetzungs-, noch Meniskus- und Parallaxenfehler. Die Wartezeit entfällt. Sowohl bei tropfenweisem als auch bei schnellstem Auslauf bleibt durch den Wegfall der Benetzung die höchste Genauigkeit gewahrt. Die Bürette ist sowohl in senkrechter als auch in waagerechter Ausführung lieferbar. Da die Volumenteilung linear ist, kann der Kolben auch mit Nonius versehen werden.

Um feine gleichmäßige Tropfen zu erzielen, versieht KÖLLIKER die Auslaufdüse mit einer Platinkapillare.

Als Mikrobüretten sind die nach BANG (Abb. 133) und NEUBAUER (Abb. 134) die verbreitetsten. Die Ansammlung von Luftblasen unterhalb des Absperrhahnes wird vermieden, wenn nach dem Vorschlag von SPATZ [64] der Querschnitt des Verbindungsrohres zwischen Bürette und Vorratsgefäß der lichten Weite der Hahnbohrung entspricht.

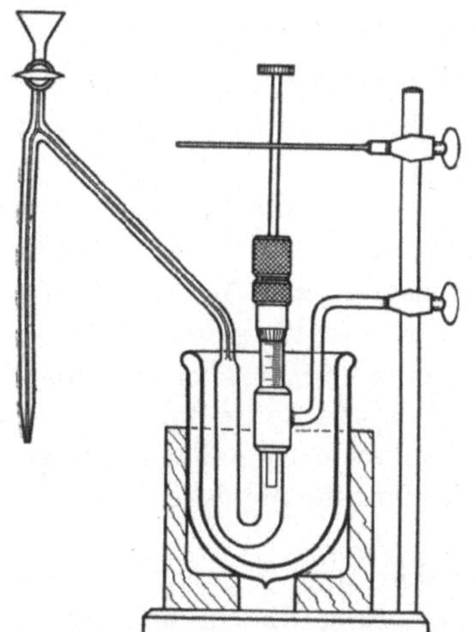

Abb. 136. Wägebürette nach BOBRANSKI

Abb. 135. Mikrobürette nach WIDMARK

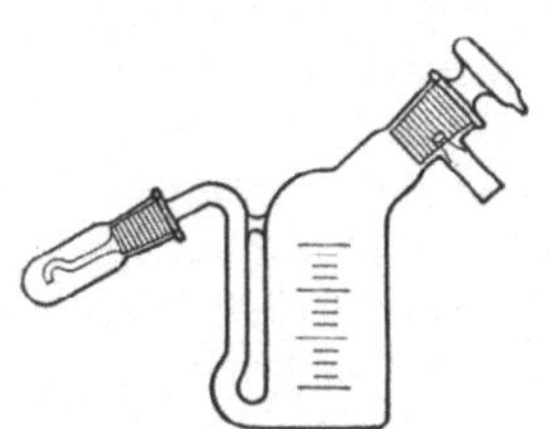

Abb. 137. Wägebürette nach RIPPER

Der Empfindlichkeit dieser Mikrobürette ist durch die Kapillarwirkung eine Grenze gesetzt.

Für sehr genaue Titrationen verwendet man spritzenartige Büretten [65]. Der Hub des Kolbens wird durch eine Mikrometerschraube eingestellt. Diese Büretten haben den großen Vorteil, vom Benetzungsrückstand unabhängig zu sein. Sie dienen in erster Linie mikrochemischen Arbeiten.

In Kapillarbüretten lassen sich Genauigkeiten von etwa 0,0001 ml erreichen. Man arbeitet hier mit einer Präzisionsschraube, deren Hub mittels Quecksilber auf die Titerflüssigkeit übertragen wird. Das Ablesen der Verschiebung der Grenzfläche Quecksilber/Titerflüssigkeit an einer

Skala auf der Kapillare ist unzuverlässig, da die Benetzung der Glaswand nicht ausgeschaltet ist und das Quecksilber sich an der adhärierenden Titerflüssigkeit vorbeischiebt. Größere Genauigkeit erzielt man nach WIDMARK [66], wenn an der Skala eines Mikrometers abgelesen wird. Alle diese Büretten sind sehr empfindlich gegen Temperaturschwankungen, weshalb der mit Quecksilber gefüllte Teil in einem Wasser- oder Eisbad auf konstante Temperatur gehalten wird. Auch die Ausstrahlung der die Schraube bedienenden Hand muß abgeschirmt werden. Während der Titration läßt man die Auslaufspitze in die Flüssigkeit eintauchen (Abb. 135).

Wägbare Büretten erhöhen die Meßgenauigkeit um eine Zehnerpotenz. Als Beispiele seien genannt die Wägebürette nach BOBRANSKI [67] (Abb. 136) und die nach RIPPER (Abb. 137).

25. Gasbüretten und Gaspipetten

In Gasbüretten werden Gase über einer Sperrflüssigkeit, meist bei Atmosphärendruck, abgemessen. Soweit es sich nicht um Messungen zwischen zwei Grenzflächen, Sperrflüssigkeit-Gas, handelt, ist das Volumen des Meniskus von großer Bedeutung für die Genauigkeit der Justierung. Wenn die Justierung der Gasbüretten in umgekehrter Stellung erfolgt, muß der Inhalt durch entsprechende Meniskuskorrektur auf das Spiegelbild der Grenzfläche gebracht werden. Bei Gasbüretten, die mit Wasser als Sperrflüssigkeit gebraucht, aber mit Quecksilber justiert werden, ist zu beachten, daß das Spiegelbild der konvexen Grenzfläche Quecksilber-Gas der konkaven Grenzfläche Wasser-Gas nicht genau kongruent ist, also auch hier eine Meniskuskorrektion vorgenommen werden muß.

Als Sperrflüssigkeiten kommen für Gasbüretten, je nachdem sie für exakte oder technische Gasanalyse Verwendung finden, nur Quecksilber und Wasser in Betracht. Aus der Aufschrift muß klar hervorgehen, für welche der beiden Sperrflüssigkeiten das Instrument justiert ist. Alle Gasbüretten mit Wasser als Sperrflüssigkeit sind auf Ausguß zu justieren.

Um eine Subtraktion zu vermeiden, ist für alle Gasbüretten eine doppelte, entgegenlaufende Zahlenreihe vorgeschlagen, obwohl sie leicht verwirrt und in den mittleren Werten zu Verwechslungen führt. Um diese doppelte Zahlenreihe zu halten, soll eine besondere Teilungsart auf Kosten der Parallaxe genormt werden.

Im Laboratorium bezeichnet man als Parallaxe die Abweichung der Visierlinie von der Horizontalen oder bei Differenzmessungen die Abweichung der beiden Visierwinkel voneinander, mit anderen Worten ein schiefes Anvisieren.

Zur Vermeidung der Parallaxe benutzt man folgende Hilfsmittel: Durch axiale Verschiebung eines Fernrohres, eines Meßmikroskopes, einer Lupe oder einer Visierblende kann man die Visierlinien zueinander parallel, meist waagerecht, stellen.

Dadurch, daß man den zu messenden Meniskus mit einem möglichst entfernten, in Augenhöhe liegenden Punkt zur Deckung bringt, kann die Parallaxe vermieden werden. Im Laboratorium ist dies nur in den seltensten Fällen möglich.

Die zuverlässigste und einfachste Methode ist die Anbringung eines Spiegelglasstreifens senkrecht hinter der Skala. Das Spiegelbild des Auges wird bei der Ablesung in gleiche Höhe mit dem Meniskus gebracht. Ein weiteres Hilfsmittel, die Parallaxe zu vermeiden, ist die Ringteilung. Bei dieser werden alle Teilstriche mindestens bis zur Hälfte um das Gerät herumgeführt. Beim Ablesen bringt man das Auge in eine solche Höhe, daß der dem tiefsten Punkt des Meniskus am nächsten liegende Teilstrich als gerade Linie erscheint. Diese Art der Ablesung hat sich bisher an eichfähigen Geräten durchaus bewährt. Neben der ganz erheblichen Verteuerung des Instrumentes hat die Ringteilung den einzigen Nachteil, daß infolge der Länge der Teilstriche nur eine Zahlenreihe angebracht werden kann. Da einige Verbraucher bei Gasbüretten auf eine doppelte Zahlenreihe nicht glaubten verzichten zu können, hat man sich mit einer Kombination zwischen Ring- und Strichteilung zu helfen gesucht, indem man die bezifferten Teilstriche als volle Ringe ausbildete, die unbezifferten aber nur zu ein Fünftel bis ein Sechstel um den Umfang als Strichteilung herumführte. Gegen diese Kompromißteilung, die sich preislich nicht von der reinen Ringteilung unterscheidet, bestehen die folgenden Bedenken:

Bei Ablesung an Ringteilungen ist die Parallaxe streng genommen nur dann mit Sicherheit ausgeschaltet, wenn der tiefste Punkt des Meniskus in der Ebene des Ringes oder Halbringes liegt. Bei den dicht beieinander liegenden Ringen bzw. Halbringen der bisher eichfähigen Teilung kann dieser kleine parallaktische Fehler vernachlässigt werden. Liegen die Ringe jedoch weiter auseinander und umfassen die Teilstriche der Unterteilung weniger als den halben Umfang, wie das für Gasbüretten vorgeschlagen ist, dann muß diese Tatsache berücksichtigt werden. Man liest dann in der Weise ab, daß die beiden Ringe, zwischen denen der tiefste Punkt des Meniskus liegt, in einem der Lage des Meniskus entsprechenden Maße verkürzt erscheinen. Liegt zum Beispiel der Meniskus genau in der Mitte zwischen den Ringen, so sollen beide als gleich breite Ellipsen erscheinen. Bei allen anderen Lagen sollen die Ringe der Lage des Meniskus entsprechend verschieden breite Ellipsen bilden. Hieraus ersieht man, daß die Ausschaltung des parallaktischen Fehlers bei dieser Teilungsart sehr problematisch ist. Ganz unsicher wird die Ablesung, wenn die Sperrflüssigkeit undurchsichtig ist, wie zum Beispiel Quecksilber, so daß ein Vergleich der beiden Ringe nicht möglich ist. Hier verleitet diese Teilungsart geradezu zu parallaktischen Fehlern, hat also ihren Zweck verfehlt.

Deshalb verwendet man bei der exakten Gasanalyse, bei der Quecksilber als Sperrflüssigkeit dient, zur Vermeidung des parallaktischen Fehlers besser einen Spiegel oder ein Ablesefernrohr. Bei Verwendung dieser Hilfsmittel ist aber die Ringteilung nicht nur überflüssig, sondern auch störend. Da gasanalytische Messungen meist bei konstantem Druck ausgeführt werden, ist eine genaue Einstellung eines zweiten Meniskus im Niveaugefäß, auf die Visierlinie unbedingt erforderlich. Auch dies geschieht bei der exakten Gasanalyse mittels Spiegel oder Fernrohr. Bei Verwendung der Ringteilung zur Vermeidung der Parallaxe müßte nicht nur das Meßrohr, sondern auch das Niveaugefäß mit einer solchen versehen werden. Das ist aber bisher nicht gebräuchlich.

Bei der technischen Gasanalyse, bei der Wasser als Sperrflüssigkeit dient und wässerige Absorptionsmittel verwendet werden und oft ohne Wassermantel gearbeitet wird, ist der Methodenfehler schon so groß, daß eine Verteuerung durch obige Kompromißteilung nicht gerechtfertigt erscheint.

Oft verbindet man zweckmäßig die Visiervorrichtung mit Blenden, welche durch Erzeugung bestimmter Reflexe und Lichtbrechungen den Meniskus sich klar vom Hintergrunde abheben lassen. Es ist jedoch klar, daß diese Blenden allein die Parallaxe nicht zu vermeiden imstande sind. Hierzu zählt auch der Schellbachstreifen. Er verhindert keineswegs die Parallaxe, weshalb bei eichfähigen Schellbachbüretten die Ringteilung vorgeschrieben ist. Der Schellbachstreifen muß so schmal sein, daß die Enden der Teilstriche noch neben ihm beim Ablesen sichtbar bleiben.

Für Gasbüretten, die mit Quecksilber als Sperrflüssigkeit verwendet werden, also der exakten Gasanalyse dienen, ist ein Wassermantel unerläßlich. Die Normenvorschläge sehen jedoch gerade hier keinen vor. Bei den übrigen Gasbüretten ist ein Wassermantel entbehrlich, wenn sich die Bestimmungen nur auf kurze Zeiträume erstrecken. Oft werden Gasbüretten für exakte Gasanalyse mit einem Kompensationsrohr nach HEMPEL oder LUNGE zur Ausschaltung von Druck- und Temperaturänderungen während des Versuches versehen. Für exakte Gasanalyse ist nur die Gasbürette nach DREHSCHMIDT (DIN 12710) genormt, für technische Gasanalyse die Gasbüretten nach BUNTE (DIN 12705), und HEMPEL (DIN 12715). Zur Norm vorgeschlagen ist die Orsatbürette (DIN E 12745).

Die Methode nach BUNTE hat den großen Nachteil, daß sie sehr verschwenderisch mit den Absorptionsmitteln umgeht, also im Betrieb sehr teuer ist. Sie findet deshalb nur noch wenig Anwendung.

Günstiger ist die Hempelapparatur, da hier die Absorptionslösungen in den Gaspipetten nahezu unbeschränkt haltbar sind. Es ist darauf zu achten, daß kein Absorptionsmittel in die Bürette gelangt, da dadurch die Resultate verfälscht werden. Zur Kontrolle setzt man dem Sperrwasser etwas Phenolphthaleïn zu, an dessen Rotfärbung man sofort erkennt, ob von den meist stark alkalischen Absorptionsmitteln, wie Kalilauge, Pyrogallol und ammoniakalischer Kupferchlorürlösung etwas in die Büretten gelangt ist.

Der Orsatapparat in seiner alten Form nach FISCHER genügt für die Bestimmung von Kohlendioxyd, von Sauerstoff und Kohlenoxyd nur mit frischen Absorptionslösungen. Man sollte den alten Orsatapparat nur für Rauchgasanalyse verwenden.

Für eine vollständige Gasanalyse sind heute bessere Apparate im Handel, die sehr zuverlässige Resultate gewährleisten. Als Pipetten verwendet man heute fast ausschließlich Sprudelpipetten nach FRIEDRICHS oder TRAMM, bei denen das Gas aus der Bürette in die Absorptionspipetten und zurück bei gleicher Hahnstellung überführt wird. Ventilpipetten sind nicht sehr zuverlässig, da sich die Ventile in der starken Kalilauge bald festsetzen. Gaspipetten mit Fritten sind nicht brauchbar, da die Poren bei alkalischen Absorptionslösungen sich bald durch Quellung schließen. Bei der dünnflüssigen ammoniakalischen Kupferchlorürlösung beschleunigt die Fritte zwar die Absorption wesentlich, versetzt sich aber im Laufe der Zeit durch Kupferausscheidung und wird unwirksam. In den neuen Apparaten bestimmt man Kohlendioxyd wie bisher mittels Kalilauge, schwere Kohlenwasserstoffe mittels rauchender Schwefelsäure oder Bromwasser, Sauerstoff mittels Phosphor, Kohlenoxyd mittels ammoniakalischer Kupferchlorürlösung. Wasserstoff und Methan werden durch Verbrennung am glühenden Platindraht oder im Jägerrohr mittels Kupferoxyd bestimmt.

Zur schnelleren Abkühlung des Verbrennungsrohres kann der Heizofen mit einer Kühlvorrichtung versehen werden.

Bei Anwendung der JÄGER-Methode ist die zweite Skala an der Bürette überflüssig; sie hat eher eine Berechtigung, wenn über Platin verbrannt wird, weil in diesem Falle ein bestimmtes Sauerstoffvolumen zugefügt werden muß.

Der Aufbau der Gasanalysenapparate und Austausch der Absorptionspipetten zwecks Reinigung oder Neufüllung wird wesentlich erleichtert, wenn die Einzelteile durch Kugelschliffe miteinander verbunden werden. Die früher üblichen Gummiverbindungen gefährden insbesondere den zerbrechlichen Hahnrechen.

Das in den Normenblättern vorgeschriebene Abreißen der Sperrflüssigkeit an der Nullmarke ist bei Wasser als Sperrflüssigkeit bei der gasanalytischen Arbeitsmethode ganz unverständlich und sinnlos.

Azotometer dienen zum Auffangen und Messen des bei der Stickstoffbestimmung nach Dumas freiwerdenden Stickstoffes unter Absorption des denselben verdrängenden Kohlendioxydes. Dieser Verwendung gemäß werden die Apparate mit Kalilauge als Sperrflüssigkeit gefüllt. TREADWELL verwendet eine 23proz. Kalilauge, da diese Konzentration mit hinreichender Genauigkeit gestattet, den abgelesenen Barometerstand ohne Korrektion und die Tension des Wassers anzuwenden. SIMONS schreibt 30proz. Kalilauge vor, PREGL eine 50proz. nicht schäumende Kalilauge. Über die Justierung der Mikroazotometer schreibt PREGL:

„Von besonderer Wichtigkeit ist die Anfertigung der Teilung. Dabei werden bekannte Quecksilbervolumina und zwar 0,05; 0,1; 0,2; 0,3; 0,5; 0,8; 1,1; 1,2 ml bei umgekehrtem Azotometer und geschlossenem Hahn in die Meßröhre eingefüllt und die höchste Kuppe des konvexen Quecksilbermeniskus markiert. Dieser Art der Herstellung liegt zwar die theoretisch nicht einwandfreie, praktisch aber zulässige Annahme zugrunde, daß der konvexe Quecksilbermeniskus im umgekehrt stehenden Azotometer und der nach oben konkave Meniskus der die Glaswand benetzenden 50proz. Kalilauge kongruent seien. In der geschilderten Weise wird auf mein Verlangen jedes Instrument an den früher erwähnten Teilstrichen geprüft, gezeichnet und mit Prüfschein versehen."

„Für die Berechnung des Stickstoffgehaltes müssen mit Rücksicht auf die raumbeschränkende Wirkung der 50proz. Kalilauge, wie das früher schon auseinandergesetzt wurde, zwei Volumenprozente in Abzug gebracht werden."

Abgesehen von der Meniskuskorrektion berücksichtigt PREGL auch nicht die ungleiche Dicke des benetzenden Flüssigkeitsfilmes. Glücklicherweise werden diese Fehler jedoch von den Versuchsfehlern ausgeglichen bis auf die oben erwähnte Korrektion von zwei Volumenprozenten.

Früher verwendete man in erster Linie das Azotometer nach SCHIFF mit einem Fassungsvermögen von 100 ml und einer Teilung in 0,2 ml. Da man in neuerer Zeit mehr auf Halbmikro- und Mikroanalyse übergegangen ist, konnte auch der Meßbereich auf 20 und 40 ml verkleinert und die Teilung auf 0,05 und 0,1 ml verfeinert werden. Dies geschah unter möglichster Beibehaltung eines großen Kalilaugevolumens (DIN 12720). Eine doppelte Zahlenreihe ist sinnwidrig. Das Mikroazotometer nach PREGL (Abb. 138) trägt eine Teilung von 2 ml in 0,01 ml. Die Normung sieht im Gegensatz zu PREGL eine Justierung auf 30proz. Kalilauge vor (DIN 12720).

Um ein Verfetten des Azotometers zu vermeiden, wird der Hahn durch einen Schliffstopfen ersetzt, der in einem Glasbecher sitzt und damit hydraulisch abgedichtet ist. Eine Schmierung ist deshalb nicht erforderlich.

Nitrometer dienten ursprünglich, wie der Name sagt, zur Bestimmung der Säuren des Stickstoffes; sie werden jedoch auch häufig als Gasvolummeter verwendet. Ihrer Verwendung entsprechend wird die Gasmenge über 90proz. Schwefelsäure, Kalilauge oder Quecksilber aufgefangen und gemessen. Die Gasentwicklung kann entweder im Nitrometer selbst erfolgen oder aber die Reaktion findet in einem besonderen Nebengefäß statt. Im ersten Fall wird das entwickelte Gas direkt gemessen, im zweiten Fall die von diesem verdrängte Luft, oder man bestimmt die Menge des entwickelten Gases aus der Volumenverminderung nach der Absorption. Statt für alle diese Sperrflüssigkeiten, deren Konzentration nicht einmal genau festliegt, besondere Nitrometer anzufertigen, sollen sämtliche Nitrometer auf Wasser justiert werden. Bei Verwendung anderer Sperrflüssigkeiten sind dann entsprechende empirisch gefundene Korrektionen anzubringen (DIN 12725).

Die doppelte Bezifferung ist überflüssig, ebenso die Ringteilung. Nitrometer sind für die Meßbereiche von 0 bis 50 ml in 0,1 ml, von 0 bis 100 ml in 0,2 ml und von 100 bis 150 ml in 0,2 ml genormt. Auch hier ist ein Abreißen der Sperrflüssigkeit an der Nullmarke eine überflüssige Forderung, die gestrichen werden muß.

Die genormte *Chlorgasbürette* DIN 12730 ist eine Spezialform der Wincklerbürette. Eine Normung derselben scheint nicht erforderlich, da sie nur sehr beschränkte Anwendung findet. Sie dient zur Bestimmung schwerlöslicher Gase in leichtlöslichen. Die Bürette wird trocken mit dem zu untersuchenden Gas gefüllt. Der lösliche Teil wird durch ein Absorptionsmittel beseitigt und das Restgas gemessen. Der Gesamtinhalt muß also auf Einguß, die Teilinhalte auf Ausguß justiert sein.

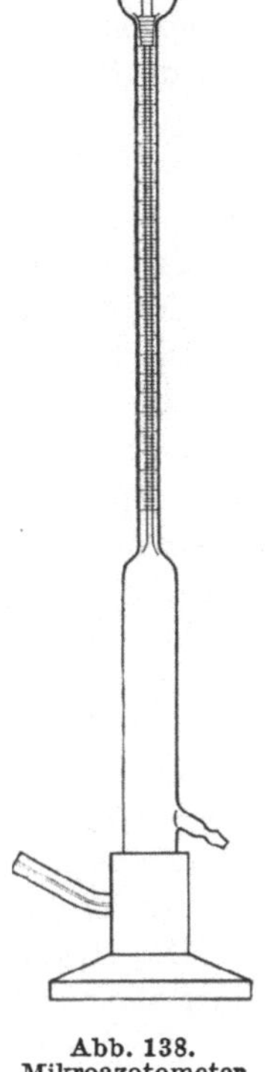

Abb. 138.
Mikroazotometer
nach PREGL
mit fettfreiem
Verschluß

Die Maße für die Gaspipetten nach HEMPEL sind von HEMPEL und DENNIS festgelegt, so daß sie nur übernommen zu werden brauchen. Als Verbrennungspipette zur Bestimmung von Wasserstoff und Methan ist die nach WINKLER-DENNIS mit Quecksilber als Sperrflüssigkeit zur Norm vorgeschlagen (DIN 12737). Bei Gaspipetten für rauchende Schwefelsäure mit einer dritten kleineren, mit Perlen gefüllten Kugel ist ein kleiner Einstich am unteren Teil der Perlenkugel anzubringen, da die Perlen sonst den Gasdurchgang ventilartig verschließen. Als Gestelle für Hempelpipetten verwandte man früher meist solche aus Holz, die jedoch leicht verquellen und sich werfen. Sehr gut bewährt haben sich Gestelle aus Schmiedeeisen. Die Glasteile werden von mit Tuch gefütterten Klemmen gehalten (DIN E 12733/39).

Um die Absorptionslösungen von der Luft abzuschließen, verwendete man früher besonders an Orsatapparaten dünnwandige Gummisäcke, die Scheiblerschen Blasen, zum Druckausgleich an den Pipetten. Dieser Abschluß ist jedoch wenig zuverlässig. Besser ist der von Dennis vorgeschlagene hydraulische Verschluß mit Paraffinöl als Sperrflüssigkeit, der natürlich nicht als gemeinsamer Verschluß für die Ammoniak abgebende Kupferchlorürlösung und die Schwefeltrioxyd abgebende rauchende Schwefelsäure dienen darf.

26. Pyknometer

Pyknometer dienen zur Bestimmung der Dichte von Flüssigkeiten und festen Stoffen. Dies erfordert die Messung von Masse und Volumen.

Die Bestimmung der Masse erfolgt durch Wägung unter den hierfür üblichen Bedingungen. Pyknometer sollen daher auf die Waagschale einer analytischen Waage passen. Sie sollen nicht zu schwer sein, um die Empfindlichkeit der Waage möglichst wenig zu beeinträchtigen. Sie sollen möglichst stabil sein und eine glatte Oberfläche besitzen, um sich leicht reinigen zu lassen.

Schwieriger ist es, das Volumen genau abzumessen. Das geschieht, indem man in einem Blindversuch den Wasserwert des Pyknometers bestimmt. Die Abmessung erfolgt auf folgende zwei Arten: durch Einstellen der Grenzfläche Flüssigkeit — Luft auf Ringmarken oder die Begrenzung erfolgt allseitig durch Glaswände, wobei die Öffnung zum Druckausgleich durch plan- oder kegelförmig geschliffene Glasflächen abgeschlossen wird.

Die Pyknometer der ersten Art ähneln meist kleinen Meßflaschen oder sie sind zur besseren Füllung pipettenförmig (Sprengel) gestaltet.

Die zweite Pyknometerart stellen Fläschchen mit eingeschliffenem Stopfen dar, dessen kapillare Durchbohrung durch eine plan- oder kegelförmig geschliffene Glasfläche abgestrichen wird (DIN E 12799).

Zwischen beiden Arten stehen die Pyknometer mit eingeschliffenem Thermometer, bei denen die Einstellung auf die Marke eines engen Seitenrohres erfolgt.

Da die Wärmeausdehnung der Flüssigkeiten sehr groß und sehr verschieden ist, muß auf Einhaltung der Normaltemperatur streng geachtet werden. Meist temperiert man die Flüssigkeit, bevor man sie in das Pyknometer einfüllt. Für genaue Messungen ist es jedoch erforderlich, die gefüllten Pyknometer in einen Thermostaten zu bringen und nach Erreichen des Temperaturgleichgewichtes auf die Marke einzustellen.

Durch ein Thermometer, welches bis zur Mitte des Pyknometers reicht, wird die Temperaturkontrolle wesentlich erleichtert.

Das Justieren der Pyknometer geschieht in der Weise, daß das Fassungsvermögen derselben durch Abschleifen von Stopfen bzw. Thermometer, oder durch Eindrücken des erhitzten Bodens so lange verändert wird, bis der richtige Inhalt erreicht ist. Für das Justieren sollte eigentlich nur die erste Methode Anwendung finden, da bei ihr ein Erhitzen des Glases vermieden ist. Die zweite Methode des Justierens ist sehr zeitraubend, verändert den Spannungszustand des Glases, da ein nachträgliches Kühlen wegen der dadurch verursachten Volumenänderung nicht möglich ist; auch ist das Erhitzen durch das Verdampfen der stets hängenbleibenden Quecksilberreste gewerbehygienisch nicht unbedenklich. Pyknometer aus gespanntem Glas leiden ähnlich wie Thermometer an thermischen Nachwirkungen. Deshalb sollte man nur Pyknometer mit Kapillarstopfen oder eingeschliffenem Thermometer auf genaues Volumen justieren. Für Pyknometer der ersten Art ist für den Inhalt ein Spielraum von $\pm 5\%$ zu gewähren. Die Genauigkeit der Dichtebestimmung selbst wird hierdurch nicht beeinträchtigt, da man für genaue Bestimmung doch immer den Wasserwert neu ermitteln wird, auch wenn das Pyknometer auf genauen Inhalt justiert und geeicht ist. Pyknometer der ersten Art sollten also, obwohl sie für genauere Messungen Verwendung finden, nur auf ungefähren Inhalt justiert werden. Dieser scheinbar paradoxe Zustand ist bei der Normung leider nicht genügend berücksichtigt.

Auf eine sorgfältige Ausführung der Schliffe ist großer Wert zu legen. Da auch bei gut ausgeführten Schliffen infolge nicht mathematisch kreisförmigem Querschnitt und gekrümmten Mantellinien das Volumen des Pyknometers je nach Einsetzen des Stopfens nicht immer ganz gleich ist, soll eine bestimmte Stellung des Stopfens zum Hals durch Marken festgelegt werden. Der Stopfen soll mit möglichst gleichmäßiger Kraft und durch Drehung nicht über 90° auf diese Marke eingestellt werden. Um beim Einsetzen des Stopfens ein Auseinanderdrücken des Halses und damit ein zu tiefes Eindringen des Stopfens zu verhindern, soll die Verjüngung des Schliffes nicht flacher als 1:10 sein. Trotz aller Vorsicht kann mit Pyknometern der zweiten Art niemals die Genauigkeit wie mit denen der ersten Art erreicht werden.

Beim Einsetzen des Stopfens tritt die überschüssige Flüssigkeit zuerst zwischen den Schliffflächen aus, erst wenn die Reibung zwischen diesen größer ist als in der Kapillare, dringt die Flüssigkeit durch die letztere. Aus diesem Grunde ist ein Auskugeln des Stopfens an der unteren Fläche nicht nur glastechnisch hinderlich, sondern kann sogar das Verdrängen der Luft erschweren. Die untere Fläche der Stopfen soll vielmehr ebengeschliffen und die Kanten leicht abgerundet sein, um ein Ausbrechen von Glasteilchen zu vermeiden.

Die kleinsten unteren Durchmesser der Schliffe sollen nicht kleiner als 6 mm, um feste Körper auch als grobes Pulver einführen zu können, und nicht größer als 10 mm sein, da der Fehler beim Einsetzen des Stopfens mit dem Durchmesser des Schliffes ansteigt. Während Pyknometer der ersten Art ohne weiteres mit Normschliffstopfen versehen werden können, sind Normschliffe an Pyknometern der zweiten Art zwecklos, da wegen des ungleichen Inhaltes der Gefäße eine Austauschbarkeit doch nicht bestehen kann.

Die Wanddicke der Pyknometerkörper soll nicht zu gering sein, vor allem darf der Boden nicht zu breit und soll schwach nach innen gewölbt sein, damit die Gefäßwand beim Einsetzen des Stopfens nicht allzusehr federt.

Um ein vollständiges Entfernen der überschüssigen Flüssigkeit zu ermöglichen, darf der Rand des Pyknometerhalses nicht umgebördelt sondern soll scharf am Hals anliegen und nach außen abgeschrägt sein.

Die äußere Mündung der Kapillare soll plangeschliffen sein und wird zur Begrenzung des Inhaltes mit einer plangeschliffenen Glasplatte abgestrichen. Bei einigen Typen ist die Kapillare nicht senkrecht durch den ganzen Stopfen geführt, sondern sie biegt noch innerhalb des Schliffes um und mündet seitlich in die Schliffläche. Die Verbindung nach außen führt entweder durch ein in die Halswand gebohrtes Loch, oder der Rand ist schräg abgeschliffen (BERGDAHL). Das Abstreichen erfolgt durch Drehen des Stopfens im Kegelschliff. Der Vorteil dieser Vorrichtung besteht im Abschluß des Pyknometers und dient damit zum Schutz gegen Verdunsten während der Wägung. Ein anderer Weg, die Verdunstung durch die Kapillare zu verhindern, ist das Aufschleifen einer Kappe über den Kapillarstopfen auf den Hals des Pyknometers.

Durch einen Vakuummantel soll die Temperatur des Pyknometerinhaltes während der Messung konstant gehalten werden. Es ist jedoch zu beachten, daß er auch die Einstellung des Temperaturgleichgewichtes im Thermostaten verzögert.

Pyknometer mit eingeschliffenem Stopfen oder Thermometer, aber ohne Öffnung zum Ausgleich des Druckes, sind unbrauchbar.

Mit Rücksicht auf die thermische Nachwirkung sind Pyknometer aus einem Thermometerglas herzustellen.

Zur Bestimmung der Dichte zäher Flüssigkeiten wie Asphalt dienen Pyknometer mit weitem Hals nach GINTL und HUBBARD (DIN E 12804). Hohe Genauigkeit ist natürlich bei diesen Pyknometern nicht zu erwarten.

Für mikrochemische Arbeiten empfiehlt PREGL die Verwendung seiner Mikropipetten als Pyknometer.

Als Pyknometer für Gase dient der Chancelkolben.

27. Aräometer

Die Eintauchtiefe eines Aräometers ist von folgenden Faktoren abhängig: Gewicht des Aräometers, Wasserverdrängung des Aräometers, Dichte der Flüssigkeit und der Kapillarkonstante der Flüssigkeit.

Das Gewicht des Aräometers soll so verteilt sein, daß der Schwerpunkt möglichst tief liegt, damit das Instrument senkrecht schwimmt. Dies erfordert leichte Stengel und bei Flüssigkeiten geringer Dichte einen größeren Abstand zwischen Ballastkugel und Schwimmkörper als bei schweren Flüssigkeiten. Da der mechanisch günstige Querschnitt für diese dünnwandigen Stengel der Kreis ist, sind Stengel mit ovalem Querschnitt zerbrechlicher.

Ist das Aräometer mit Schrot als Ballast beschwert, so soll eine Verlagerung des Schrotes und damit des Schwerpunktes durch Verkitten mit Siegellack verhindert sein. Bei Quecksilberbeschwerung besteht die Gefahr der Schwerpunktverlagerung nicht.

Das Verhältnis von Gewicht und Wasserverdrängung des Aräometers soll etwa gleich dem der Flüssigkeit sein, deren Dichte bestimmt werden soll. Bei weiterem Ein- bzw. Auftauchen des Aräometers ändert sich dieses Verhältnis durch den Auftrieb des eintauchenden und das Gewicht des herausragenden Stengelteiles und gibt dem Aräometer eine Gleichgewichtslage, die der Dichte und der Kapillaritätskonstante der Flüssigkeit entspricht. Es ist daher verständlich, daß die Genauigkeit eines Aräometers in erster Linie von der Gleichmäßigkeit des Stengelquerschnittes abhängt. Da der Querschnitt eines kreisförmigen Stengels aus glastechnischen Gründen wesentlich gleichmäßiger hergestellt werden kann als der eines ovalen, spricht auch die Größe der Meßfehler gegen einen Stengel mit ovalem Querschnitt. Als Begründung für den ovalen Stengel wird angegeben, daß er die Rotation des Aräometers in der Flüssigkeit dämpft. Die glastechnisch begründete Ungleichmäßigkeit des Stengelquerschnittes und der Wanddicke ist auch bei Stengeln mit kreisförmigem Querschnitt noch so groß, daß gedruckte Skalen für genaue Aräometer unbrauchbar sind. Für jedes einzelne Aräometer muß eine besondere Skala nach den Justierpunkten einer Hilfsskala angefertigt werden. Die Empfindlichkeit eines Aräometers ist abhängig vom Verhältnis des Auftriebes des Stengels zum Auftrieb des gesamten Aräometers, für welches bald eine Grenze durch die Zerbrechlichkeit gesetzt ist.

Die zu messende Dichte der Flüssigkeit wird sehr stark von der Temperatur beeinflußt. Es ist daher auf gewissenhafte Einhaltung der Normaltemperatur 20° zu achten. Für leicht siedende Flüssigkeiten wie Pentan u. a. ist diese Temperatur jedoch zu hoch, da Flüssigkeiten so nahe an ihrem Siedepunkt keine konstante Grenzfläche geben. Nur die

Zollbehörde hat für ihren Bereich eine Normaltemperatur von 15° vorgeschrieben.

Da die Kapillarkonstante mit der Natur der Flüssigkeiten sehr stark schwankt und ihr Einfluß auf die Eintauchtiefe des Aräometers sehr groß ist, müßte für jede Flüssigkeit ein besonderes Aräometer angefertigt werden. Ein Aräometer zeigt also nur richtige Dichte, wenn es auch für die Flüssigkeit, deren Dichte bestimmt werden soll, justiert ist. Dies würde natürlich jede Normung illusorisch machen, wenn nicht von WALLIS ein Ausweg angegeben worden wäre, den sich die Normung zu eigen gemacht hat. WALLIS legt für die einzelnen Meßbereiche bestimmte gut definierbare Justierflüssigkeiten fest. Die Skalen werden in diesen auf Dichte eingestellt. Da diese Werte, wie schon erwähnt, nur für die Justierflüssigkeiten als Dichten gelten können, sollen sie nicht als solche, sondern als Spindelgrade bezeichnet werden. Die Spindeln selbst wird man als DIN-Spindeln bezeichnen.

Genormt sind zwei Aräometersätze und ein Satz Suchspindeln, die sich alle über den ganzen Bereich von 0,630 bis 2,000 erstrecken. Der erste Satz besteht aus 14 Spindeln, der zweite hat 9 Spindeln. Der Suchspindelsatz umfaßt 3 Spindeln und dient zur Feststellung des Skalenumfanges, in welchen die zu spindelnde Flüssigkeit fällt.

Als Justierflüssigkeit bestimmt das Normblatt DIN 12790 für Spindelwerte bis 0,788 Mineralöl, für Spindelwerte von 0,789 bis 0,954 Alkohol-Wasser, für 0,954 bis 1,841 Schwefelsäure-Alkohol, für Spindelwerte über 1,842 Quecksilbernitratlösungen.

Die äußere Form der Aräometer ist so gestaltet, daß die Flüssigkeiten gut ablaufen und nicht in Einschnürungen hängen bleiben.

Die Bezugstemperatur ist einheitlich auf $+4°$ festgelegt.

Die Ablesung erfolgt durch die Flüssigkeit dicht unter dem Spiegel. Nur wenn die Flüssigkeit undurchsichtig ist, gilt die allerdings weniger scharfe Oberkante des Flüssigkeitswulstes am Stengel als Ablesegrenze, natürlich nur mit entsprechender Korrektur für den Spindelwert.

Metall als Werkstoff hat zwar den Vorteil geringerer Zerbrechlichkeit, ist jedoch chemisch weniger beständig. Auch ist die Unzerbrechlichkeit kein unbedingter Vorteil, da verbeulte Aräometer genau so unbrauchbar sind wie zerbrochene, aber durch Weitergebrauch Schaden stiften können.

Wenn man die Verwirrung kennt, die auf dem Gebiete der Aräometrie durch die unübersehbaren, ungenügend definierten Skalenarten, die verschiedenen Normal- und Bezugstemperaturen, Justierflüssigkeiten und Aräometerformen bisher geherrscht hat, so kann die Normung der Aräometer nicht hoch genug eingeschätzt werden.

Normblätter:
  Spindeln Erläuterungen, DIN 12790.
  Laboratoriumsspindeln für analytische Zwecke, DIN 12791.
  Betriebsspindeln für technische Zwecke, DIN 12792.
  Suchspindeln für Vormessung und rohe Betriebsmessungen, DIN 12793.
  Spindeln für Mineralöle, DIN E 12805.
  Spindeln für schwere Flüssigkeiten, DIN E 12806.

28. Thermometer

Von der großen Zahl der Thermometerarten sollen hier nur die im chemischen Laboratorium gebräuchlichsten besprochen werden. Auch die große Menge der chemisch-technischen Betriebsthermometer liegt außerhalb des Rahmens dieses Buches.

Voraussetzung für ein zuverlässiges Thermometer ist, daß zumindest die Quecksilberkugel aus einem von der Physikalisch-Technischen Reichsanstalt zugelassenen Thermometerglas hergestellt ist. Das Glas dieser Art ist an einem oder mehreren farbigen Streifen zu erkennen. Ebenso muß jedes Thermometer einer künstlichen Alterung unterworfen worden sein. Nur so ist es möglich, innerhalb der Gebrauchstemperaturen zuverlässige und reproduzierbare Werte zu erlangen.

Bis herab zu $-40°$ sind Laboratoriumsthermometer mit Quecksilber gefüllt, darunter mit Pentan oder einem anderen Kohlenwasserstoff. Der Gasraum des Thermometers ist über $+200°$ mit Kohlendioxyd oder Stickstoff unter Druck gefüllt, um den Siedepunkt des Quecksilbers zu erhöhen. Auf diese Weise ist es gelungen, Thermometer aus Supremaxglas bis 625°, aus Quarzglas bis 750°, bei Verwendung von Gallium oder Thallium bis über 1000° herzustellen.

Man unterscheidet Stab- und Einschlußthermometer. Bei Stabthermometern ist die Kapillare so dickwandig, daß ihr äußerer Durchmesser gleich dem des Thermometers ist. Das Thermometer ist also bis auf den Quecksilberraum massiv. Bei Einschlußthermometern ist die dünnwandige Kapillare in ein Umhüllungsrohr eingeschmolzen.

Die Kapillaren haben meist, um die Ablesung zu erleichtern, ein flaches Lumen. Ihr Vorderteil ist aus dem gleichen Grunde zu einer Zylinderlinse ausgebildet. Durch Reflexion einer farbigen Emaileinlage in der Kapillarwand erscheint das Quecksilber farbig, meist rot oder blau leuchtend.

Genormt sind die folgenden Thermometer:
  DIN DENOG 775 Feinthermometer,
  DIN DENOG 776 Dreisatz-Thermometer (ALLIHN),
  DIN DENOG 777 Siebensatz-Thermometer (ANSCHÜTZ),

DIN DENOG 778 Laboratoriumsthermometer,
DIN DENOG 779 Destillationsthermometer,
DIN DENOG 780 Hochgradige Thermometer,
DIN 12781   Laboratoriums-Stockthermometer,
DIN E 12784 Thermometer mit Normschliff.

Die Feinthermometer haben den Zweck, als Bezugsthermometer zur Kontrolle der Gebrauchsthermometer des chemischen Laboratoriums zu dienen (sogenannte Normale).

Um den Meßbereich des chemischen Laboratoriums von 0 bis 360° zu decken, ohne die Instrumente unhandlich werden zu lassen, ist er auf drei (Allihn) oder sieben (Anschütz) Thermometer verteilt. Ihre kleinste Unterteilung beträgt $^1/_5$ bis $^1/_2°$.

Für normale Laboratoriumsarbeiten genügen die Laboratoriumsthermometer mit einer Unterteilung von 1°.

Destillationsthermometer haben durch ihre kleine Kugel eine hohe Empfindlichkeit. Sie sind dünn, so daß sie leicht in Destilliergeräten untergebracht werden können. Ihre Ablesung ist schwierig.

Hochgradige Thermometer werden nur als Stabthermometer bis zu einer Temperatur von 625° aus Supremaxglas gefertigt.

Für Trockenschränke usw. sind Laboratoriumsstockthermometer genormt.

Während alle genormten Thermometer auf volle Eintauchtiefe justiert werden, haben die Thermometer mit Normschliff nur eine Eintauchtiefe von 50 mm. Der Schliff hat die Größe NS 12,5 oder NS 14,5, für Stabthermometer NS 10.

Die Eintauchtiefe ist der Teil des Thermometers, der vom Dampf geheizt wird, also die Höhe von Unterkante Quecksilberkugel zur Unterkante Schliff. Die Geräte, die mit diesen Thermometern verwendet werden, sind so eingestellt, daß auch bei niedriger Dampfgeschwindigkeit die Quecksilberkugel voll vom Dampf umspült wird; also Oberkante Quecksilberkugel gleich ist mit Unterkante Dampfrohr.

Die Normung der Pentanthermometer für Temperaturen unter $-40°$ bis $-200°$ steht noch aus; desgleichen die der Beckmannthermometer mit und ohne Normschliff.

Die Fehlergrenzen für prüffähige Thermometer schwanken je nach Temperatur und Unterteilung zwischen $\pm 0,05°$ und $\pm 9°$ (DIN 12770).

29. Rührapparate

Von einem guten Rührapparat muß verlangt werden, daß der Rührer gut geführt wird und nicht schlägt, daß kein Schmiermittel in den Kolben gelangen kann und daß keine Dämpfe und Gase austreten können. Diese Probleme wurden dadurch gelöst, daß die Rührerwelle, die selbst zylindrisch geschliffen ist, in einem passenden Zylinderschliff oder KPG-Rohr läuft und dieses Glas-in-Glas-Lager vom Kondensat geschmiert wird. Außerhalb des Apparates wird die Rührerwelle in einem Kugellager geführt, das durch einen Kühler mit Quecksilberverschluß vor Dämpfen und Gasen geschützt ist. Das Kugellager läuft ohne Schmierung. Der Kugellagerkopf mit Schnurscheibe besteht aus Kunststoff und ist mit dem Apparat durch einen Normschliff verbunden. Da Kugellager und Schnurscheibe in der gleichen Ebene laufen, wird der Achsdruck vollkommen vom Kugellager aufgenommen, so daß das Glas-in-Glas-Lager kaum abgenutzt wird [68] (Abb. 139).

Ist es schwierig, die Rührerwelle z. B. im Vakuum abzudichten, so schüttelt man den Apparat ganz oder teilweise auf einer entsprechenden Schüttelmaschine. Im zweiten Falle verbindet man die geschüttelte Reaktionszelle durch eine Glasfeder mit dem übrigen Apparat (Abb. 91). Bei Hydrierungen hat sich das letztere Verfahren gut bewährt. Der Apparat (Abb. 140) gestattet, ein Gas durch den Rührer einzuleiten.

Neuerdings verwendet man mit Vorteil im Vakuum an Stelle der rotierenden Rührer solche mit axialer Vibration. Den Abschluß gegen die Atmosphäre bildet eine etwa 5 mm dicke Gummimembran, durch welche die Vibration auf den Rührer übertragen wird. Die Rührer selbst bestehen aus Scheiben, die mit konischen Löchern versehen sind. Der Hub beträgt 1 bis 4 mm.

Durch einen außerhalb des Kolbens befindlichen Elektromagneten kann ein im Innern liegender in Glas eingeschmolzener Eisenstab in

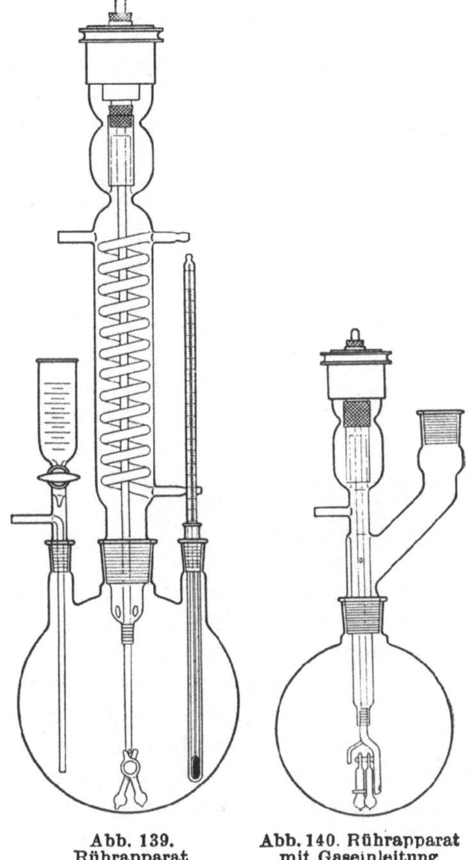

Abb. 139.
Rührapparat
nach FRIEDRICHS

Abb. 140. Rührapparat
mit Gaseinleitung
durch den Rührer

kreisende Bewegung versetzt werden. Die Kraftübertragung ist jedoch so mangelhaft, daß der Rührer bei schwereren Bodenkörpern versagt. Auch ist es für die Haltbarkeit des Kolbens nicht zuträglich, wenn die Innenseite laufend verkratzt wird, da bekanntlich Glas gegen Kerbwirkung sehr empfindlich ist.

30. Apparate zur Kohlendioxydbestimmung

Man unterscheidet folgende Methoden:

Die gravimetrische Methode nach CLASSEN, die gasvolumetrische nach HEMPEL und LUNGE und die Bestimmung aus der Gewichtsdifferenz.

Die genaueste Methode ist die gravimetrische, bei welcher das Kohlendioxyd aus dem zu untersuchenden Stoff mittels Säure in einem Kolben ausgetrieben wird. Die Hauptmenge des Wassers wird in einem Rückflußkühler kondensiert, der Rest in einem Chlorkalziumrohr zurückgehalten und das Gas mittels kohlensäurefreier und durch Chlorkalzium auf Normalfeuchtigkeit gebrachter Luft in einen gewogenen Kaliapparat übergeführt. Die erforderliche Apparatur kann aus Einheitsschliffelementen leicht zusammengesetzt werden.

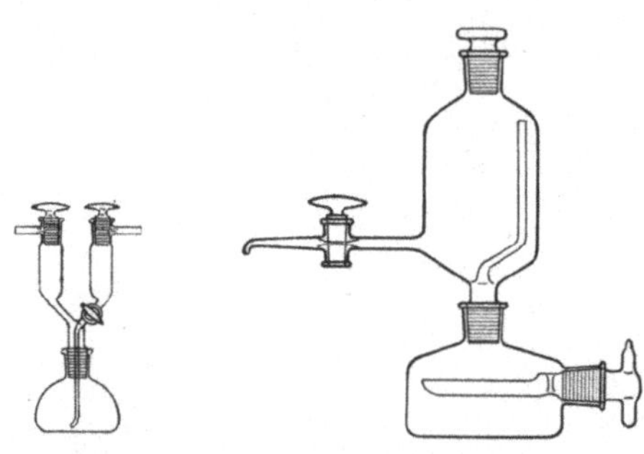

Abb. 141. Kohlendioxydbestimmung nach PRITZKER und JUNGKUNZ

Abb. 142. Kohlendioxydbestimmung nach TILLMANS-HEUBLEIN

Die gasvolumetrische Methode nach HEMPEL und LUNGE hat den Vorteil der Zeitersparnis. Sie ist deshalb in der Technik, z. B. in der Zuckerindustrie weit verbreitet. Das Kohlendioxyd wird in einer besonderen Reaktionszelle mit Säure ausgetrieben und in einer Gasbürette gemessen. Die verhältnismäßig große Löslichkeit des Kohlendioxydes in Wasser erfordert eine besondere empirisch ermittelte Korrektur.

Bei der dritten Methode findet die Reaktion in einem wägbaren Apparat statt. Der Kohlendioxydgehalt wird durch Differenzwägung bestimmt. Wichtig ist ein vollständiges Verdrängen des Kohlendioxydes durch Luft ohne Verlust von Wasser. Deshalb leitet man einen mit Chlorkalzium getrockneten Luftstrom nach der Reaktion durch den Apparat. Das aus dem Apparat von der Luft mitgeführte Wasser wird in dem mitgewogenen, ebenfalls mit Chlorkalzium gefüllten Trockenrohr zurückgehalten. Durch gelindes Erwärmen kann dieser Vorgang beschleunigt werden. Der Apparat soll gefüllt mit der zu untersuchenden

Substanz, mit Säure und Chlorkalzium nicht schwerer als 100 g, nicht höher als 180 mm sein und sicher auf der Waage stehen. Von den vielen Typen hat sich der Apparat nach PRITZKER und JUNGKUNZ [69] am besten bewährt (Abb. 141).

Mit dem Apparat nach TILLMANS und HEUBLEIN [70] (Abb. 142) wird das von dem Kohlendioxyd verdrängte Wasser in einem vorgelegten Meßzylinder gemessen.

31. Apparate zur volumetrischen Wasserbestimmung

Obwohl die volumetrische Methode der Wasserbestimmung bei weitem nicht die Genauigkeit der gravimetrischen erreichen kann, ist sie doch als Schnellmethode weit verbreitet. Sie beruht darauf, das Wasser durch Destillation mit azeotropischen Flüssigkeitsgemischen zu entfernen.

In einer graduierten Vorlage sammeln und scheiden sich die beiden Flüssigkeiten.

Je nach dem Dichteverhältnis zum Wasser unterscheidet man Apparate für leichte Flüssigkeiten (z. B. Benzol, Toluol, Xylol) und Apparate für schwere Flüssigkeiten (z. B. Chloroform, Tetrachloräthan, Tetrachlorkohlenstoff). Man wählt die Flüssigkeit je nach der Temperaturempfindlichkeit der zu untersuchenden Substanz. Die schweren Flüssigkeiten haben den Vorteil, daß sie nicht brennbar sind. Allerdings ist ihre Wasserlöslichkeit größer.

Die gebräuchlichsten Apparate für die Xylolmethode, die nach DEAN und STARK (Abb. 143) haben den Nachteil, daß sie einen Rückflußkühler tragen, in dem leicht Wassertröpfchen hochdestillieren und hängen bleiben. Der Apparat ist genormt (DIN DVM 3721, DIN 12721), leider jedoch in einer unbrauchbaren Form. Damit das rückfließende Kondensat den Dampfweg nicht verstopft, muß das Rücklaufrohr zwischen Meßrohr und Kolben zum Kolben zu geneigt sein. Es darf keinesfalls ansteigen. Der vom Verfasser angegebene Apparat (Abb. 144) vermeidet diese Fehlerquelle mit einem Durchflußkühler. Da sich oft Wasser und Xylol schlecht scheiden, verwendet man Apparate mit abnehmbarem Meßrohr. In schwierigen Fällen ist es möglich, mit Zentrifugieren nachzuhelfen, z. B. LUNDIN [71] (Abb. 145). Stark stoßende Stoffe setzt man am besten tropfenweise dem siedenden Xylol aus einem Tropftrichter zu. Die Einwaage bestimmt man aus der Gewichtsdifferenz des Tropftrichters (PRITZKER und JUNGKUNZ) (Abb. 146).

Zweckmäßige Apparate für schwere Flüssigkeiten (meist Tetrachloräthan) sind von LUNDIN [72] (Abb. 147) sowie TAUSZ und RUMM [73] (Abb. 148) konstruiert worden. Da sich Wasser vom Tetrachloräthan oft schwer scheidet, erhitzt man im Apparat nach TAUSZ und RUMM

das Gemisch zuerst eine Zeitlang unter Rückfluß. Das Wasser sammelt
sich dabei in einer mit Perlen gefüllten Kolonne und wird dann auf einmal durch stärkeres Erhitzen in die Vorlage übergetrieben. Zur Messung

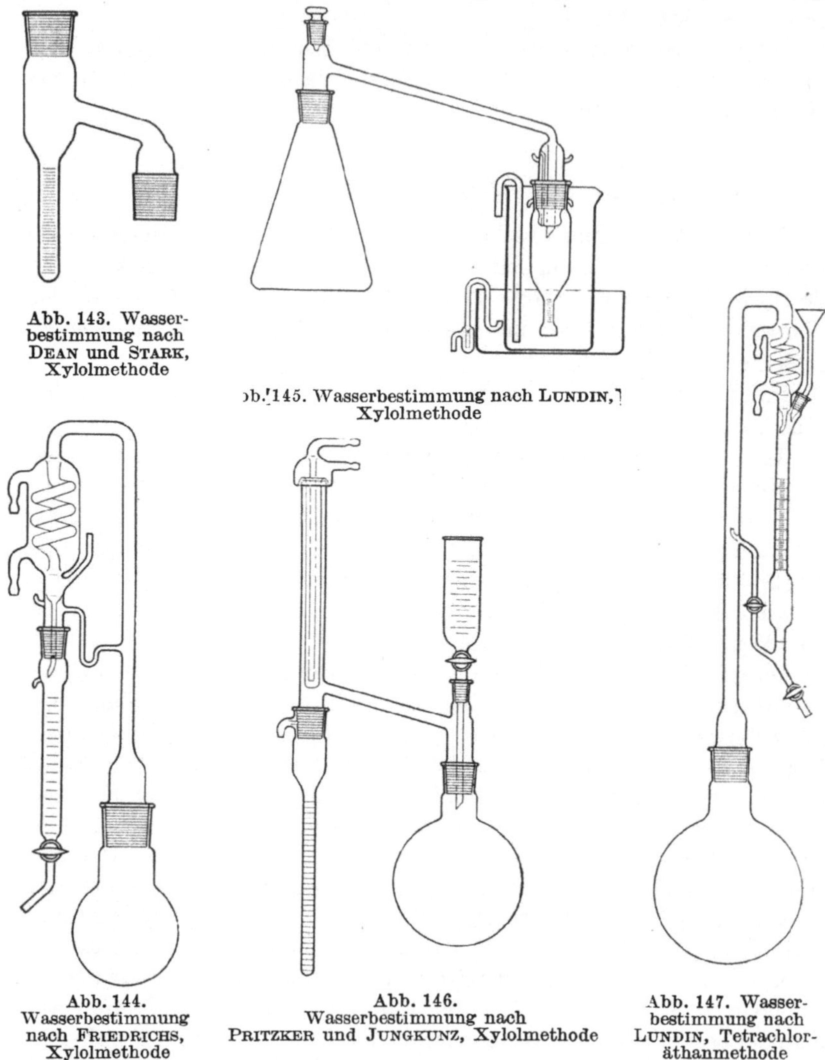

Abb. 143. Wasser-
bestimmung nach
DEAN und STARK,
Xylolmethode

Abb. 145. Wasserbestimmung nach LUNDIN,
Xylolmethode

Abb. 144.
Wasserbestimmung
nach FRIEDRICHS,
Xylolmethode

Abb. 146.
Wasserbestimmung nach
PRITZKER und JUNGKUNZ, Xylolmethode

Abb. 147. Wasser-
bestimmung nach
LUNDIN, Tetrachlor-
äthanmethode

wird das Wasser in eine auf die Vorlage aufgesetzte graduierte Kapillare
gedrückt.

Da Gummi in Tetrachloräthan mit der Zeit quillt, ist der Apparat
von RUMM so umgebaut worden, daß Tetrachloräthan nirgends mit
Gummi in Berührung kommt.

Bei Justierung der Meßrohre muß beachtet werden, daß die Grenzfläche Wasser-Luft eine andere Form hat wie die Wasser-Xylol oder Wasser-Tetrachloräthan.

Auf die elegante jodometrische Wasserbestimmung in organischen Flüssigkeiten nach KARL FISCHER sei hier nur hingewiesen, ebenso auf die mikrogasvolumetrische Methode mittels Kalziumkarbid, Kalziumhydrid und Magnesiumnitrid nach GORBACH und die Methode nach KAUFMANN und FUNKE mittels Äthylchlorid. Störend wirkt bei der Methode nach KARL FISCHER die hohe Feuchtigkeitsempfindlichkeit der Reagenzien.

Die Xylol-Methode eignet sich auch zur Estergewinnung, indem das bei der Esterbildung freiwerdende Wasser durch Kondestillation entfernt wird. Einen speziellen Apparat hierfür entwickelte HAHN [74] aus dem Wasserbestimmungsapparat nach FRIEDRICHS.

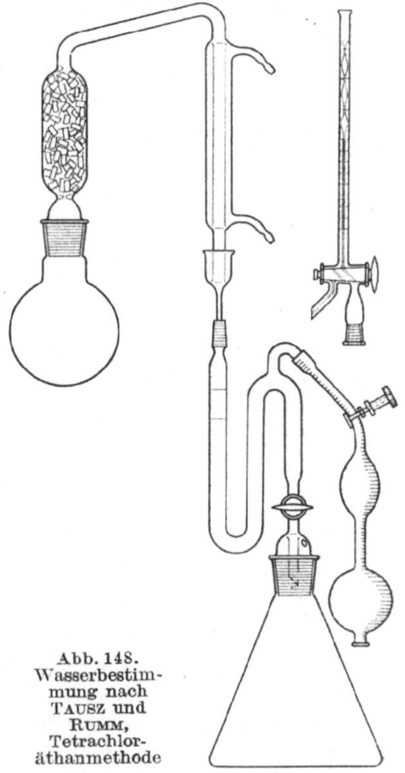

Abb. 148. Wasserbestimmung nach TAUSZ und RUMM, Tetrachloräthanmethode

32. Apparate zur Schmelzpunktbestimmung

Der Schmelzpunkt — eine für feste organische Verbindungen wichtige Konstante — dient zur Identifizierung und Kontrolle der Reinheit einer Substanz. Diese wird zur Schmelzpunktbestimmung in ein 2 mm weites, 50 mm langes, einseitig geschlossenes, dünnwandiges Röhrchen gefüllt, das unmittelbar neben dem Quecksilbergefäß eines Thermometers in dem Bad einer hochsiedenden Flüssigkeit wie konzentrierte Schwefelsäure oder Silikonöl erhitzt wird.

Der einfachste Apparat besteht aus einem Langhalsrundkolben, in dessen Hals das Thermometer durch einen mit Einschnitt versehenen Korkstopfen eingesetzt wird. Soweit Schwefelsäure als Badflüssigkeit verwandt wird, stört die Aufnahme der Luftfeuchtigkeit, die den Siedepunkt ermäßigt. Man hat daher den Apparat außer Gebrauch durch einen Schliffstopfen verschlossen, ist jedoch davon wieder abgekommen, da Explosionen eintreten können, falls übersehen wurde, beim Erhitzen des Apparates den Verschluß zu öffnen. Die Genauigkeit der Bestimmung hängt sehr von der Anheizgeschwindigkeit ab; denn es ergeben sich zu niedrige Werte, wenn eine überhitzte Badflüssigkeitsschliere das Schmelzpunktröhrchen trifft. Für eine bessere Durchmischung und besseren Umlauf der Badflüssigkeit ist bei dem Schmelzpunktapparat nach THIELE [75] und DENNIS durch ein Seitenrohr gesorgt.

ANSCHÜTZ dagegen schaltete ein Schutzrohr zwischen die direkt erhitzte Badflüssigkeit und das Thermometer mit dem Schmelzpunktröhrchen. Seitenrohre an dem Schmelzpunktapparat erleichtern den Austausch der Schmelzpunktröhrchen. Mit solchen seitlichen Ansatzrohren und einem Innenschutzrohr hat auch der Verfasser [76] seinen Schmelzpunktapparat ausgestattet, der recht genaue Bestimmungen ermöglicht.

Um störende Reflexlichter durch die doppelte Glaswand zu vermeiden, sind Vorder- und Rückseiten des äußeren und des inneren Rohres abgeflacht. Das ermöglicht auch das Beobachten der Substanz mit einer Lupe. Durch tangentiale Stellung des Brenners wird die Schwefelsäure im äußeren Gefäß in regelmäßigen Umlauf versetzt.

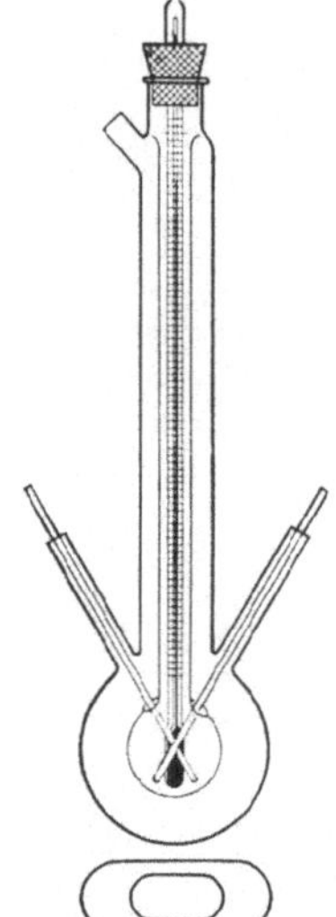

Abb. 149. Schmelzpunktbestimmung nach FRIEDRICHS

Schmelzpunktbestimmungen unter dem Mikroskop werden nicht nur in der Mikrochemie, sondern auch empfohlen, wenn genügende Substanz verfügbar ist. Hierzu eignet sich der mit Gas beheizte Schmelzpunktapparat nach OPFERSCHAUM [77] oder der elektrisch heizbare Apparat nach KOFLER [78].

Gut durchkonstruierte Schmelzpunktbestimmungsapparate, die elektrisch beheizt werden, mit Rührvorrichtung versehen sind und Lupenablesung ermöglichen, sind von TOTTOLI [79] und anderen entwickelt worden.

Die Schmelzpunktbestimmungsapparate eignen sich auch zur Siedepunktbestimmung geringer Flüssigkeitsmengen [80].

33. Wasserstrahlluftpumpen

Gut wirkende Wasserstrahlpumpen waren früher mehr oder weniger Zufallsprodukte. Um die Herstellung auf eine rationelle Grundlage zu stellen, wurden die günstigsten Bedingungen theoretisch und experimentell festgelegt [81].

Das wesentliche an einer gut funktionierenden Pumpe ist nicht die Form, sondern ihre richtige Dimensionierung. Hierbei kommt es besonders auf das Querschnittsverhältnis der Düsen an, das um so größer sein kann, je besser der Wasserstrahl aufgespalten wird. Dies wird durch einen Drall des Wasserstrahles mit Hilfe einer gedrehten Injektorspitze erreicht. Zur Vermeidung der Rückdiffusion ist die untere Düse möglichst der Gestalt des Wasserstrahles anzupassen.

Da die Sauggeschwindigkeit der Wasserstrahlpumpen vom hydrodynamischen Druck der Wasserleitung abhängt, muß die Druckermäßigung durch die Wasserentnahme beachtet werden, die besonders bei enger Wasserleitung in Erscheinung tritt. Dem Rechnung tragend wurden 3 Pumpen entwickelt: eine mit geringem, die zweite mit mittlerem und die dritte mit großem Wasserverbrauch.

Die doppelte Wirkung vieler Pumpen (WETZEL, FLEISCHHAUER-ROSE usw.) ist zwecklos. Pumpen, deren Abflußrohre Vorrichtungen zur Stauung des Wassers, wie Knicke, Schlingen usw. besitzen, erreichen bei weitem nicht die Wirkung einer wohldimensionierten Pumpe mit glattem Abflußrohr. Die letztere Pumpe erfordert aber sorgfältige Auswahl und Zentrierung der Düsen, weshalb sich ungeübte Glasbläser vor ihrer Herstellung scheuen.

Die Bedingungen, die eine gute Wasserstrahlpumpe erfüllen muß, sind folgende:

1. Luftverdünnung bis zur Tension des Leitungswassers.

2. Luftförderung bei hohem wie niedrigem Wasserdruck, bis herab zu etwa 1 atü.

3. Geringer Wasserverbrauch.

4. Förderung eines möglichst großen Luftvolumens in der Zeiteinheit.

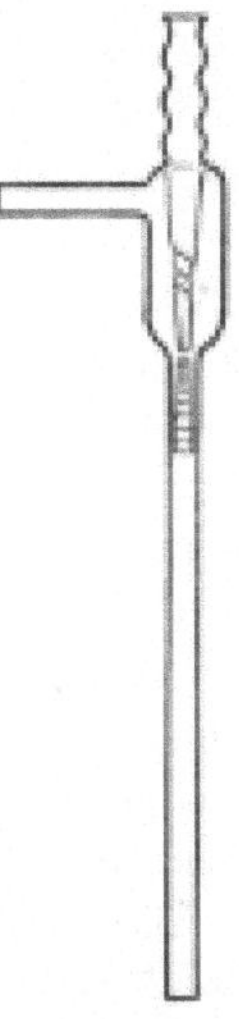

Abb. 150.
Wasserstrahlluftpumpe nach FRIEDRICHS und ANTLINGER

Pumpen, welche den beiden ersten Bedingungen nicht entsprechen, sind völlig unbrauchbar. Die Ursache für das Versagen liegt meist in nachlässiger Einhaltung der Dimensionen oder in mangelhafter Zentrierung der Düsen.

Um die Abmessungen genau einhalten zu können, verwendet ANTLINGER auf Anregung von J. FRIEDRICHS geschliffene Düsen und erzielt auf diese Weise ein gleichmäßiges Produkt mit garantierter Leistung. Da das Verhältnis zwischen Sauggeschwindigkeit und Evakuierungszeit einerseits und dem Wasserverbrauch andererseits bei den 3 Pumpenmodellen ziemlich konstant ist, dürfte das Optimum an Leistung erreicht sein (Abb. 150).

Eine Anforderung von fast gleicher Bedeutung stellt die Bedingung 3 dar. Großer Wasserverbrauch mit dem durch ihn bedingten Druckverlust der Wasserleitung ist eine der Hauptursachen für das Zurücksteigen der Pumpen. Wenn mehrere Pumpen gleichzeitig an demselben Strang laufen, muß die Bedingung 3 unbedingt erfüllt sein, zumal die Berücksichtigung nicht die geringsten Schwierigkeiten bereitet.

Je größer die in der Zeiteinheit geförderte Luftmenge ist, desto rascher wird die größtmögliche Luftverdünnung erreicht. Diese Anforderung 4 hängt bei gleichem Wasserdruck lediglich von der Auswahl der Düsendimensionen ab.

Die Wasserstrahlluftpumpen werden in folgenden drei Größen hergestellt, mit einem Wasserverbrauch von etwa 2, 2,5 und 10 Liter/Minute bei 3 Atm. Wasserdruck.

Wenn auch Pumpen mit größerem Wasserverbrauch, die z. B. bei halbzölligem Wasserleitungsnetz die gleiche Wirkung zeigen, bei weiterem Netz z. B., $^3/_4$ Zoll, unter Umständen eine etwas bessere Wirkung erzielen, so ist doch zu bedenken, daß die Betriebssicherheit der Pumpen mit geringerem Wasserverbrauch bei Schwankung des Wasserdruckes unverhältnismäßig größer ist. Deshalb dürfte die Pumpe mit einem Wasserverbrauch von 5 l/min für die meisten Zwecke genügen. Die Pumpe mit 10 l/min Wasserverbrauch ist nur für Sonderfälle empfehlenswert unter der Voraussetzung, daß das Wasserleitungsnetz sehr günstig dimensioniert ist und für Anwendungszwecke, bei denen ein Zurücksteigen nicht zu befürchten ist, z. B. bei Wasserstrahlgebläsen. Die kleinste Pumpe mit 2,2 l/min Wasserverbrauch ist für enge Wasserleitungen vorgesehen. Ihre Leistung genügt vollauf für Filtrationen.

Die garantierbaren Leistungen dieser Pumpen kommen den optimalen sehr nahe, dürften also kaum noch übertroffen werden können.

Garantierbare Leistung

Wasserdruck	atü	3,0	3,0	3,0
Wasserverbrauch	l/min	2,2	5	10
Sauggeschwindigkeit.	ml/sec	60	200	400
Evakuierungszeit				
(1 Liter auf Tension $+$ 1 mm) . .	min	5,5	1,3	0,8
Rückschlagsicherheit bis.	atü	0,8	1,0	1,3

Zur Norm vorgeschlagen ist eine Wasserstrahlpumpe von 5 l/min Wasserverbrauch und einer Mindestleistung von 100 ml/sec Luftförderung bei 3 atü Wasserdruck. Diese Pumpe soll bei einem Wasserdruck von 1,0 atü gegen Vakuum nicht zurücksteigen (DIN E 12830).

Der Werkstoff ist, wenn er nicht rostet, von untergeordneter Bedeutung, nachdem es gelungen ist, die Abmessungen in Glas so exakt einzuhalten wie in Metall.

Für Wasserstrahlgebläse hat sich die vom Verfasser angegebene Zentrifugalentmischung des Schaumes bestens bewährt. Die Gebläse laufen sehr ruhig. Ihre Luftförderung genügt für ein mittleres Gasgebläse (Abb. 151).

Da es nicht möglich ist, die verschiedenen örtlich und zeitlich schwankenden Wasserdruckverhältnisse zu berücksichtigen, reguliert man den Druck im Windkessel dadurch, daß der Wasserablauf durch Schlauch- und Quetschhahn abgedrosselt wird.

Zur Sicherung gegen Rückschlag sind verschiedene Ventile entwickelt worden, u. a. hat sich das von J. FRIEDRICHS [82] konstruierte zerlegbare, mit austauschbarem Ventilkegel aus spezifisch leichtem Kunststoff versehene Rückschlagventil bewährt. Das Ventil spielt leicht, ist dicht und wird bei einem Wasserschlag nicht zertrümmert (Abb. 152).

In vielen Fällen ist es erforderlich, mit einem bestimmten, stets gleichbleibenden Druck zu arbeiten. Dies erreicht man durch Nebenschaltung eines waschflaschenähnlichen Druckreglers, dessen Einleitungsrohr

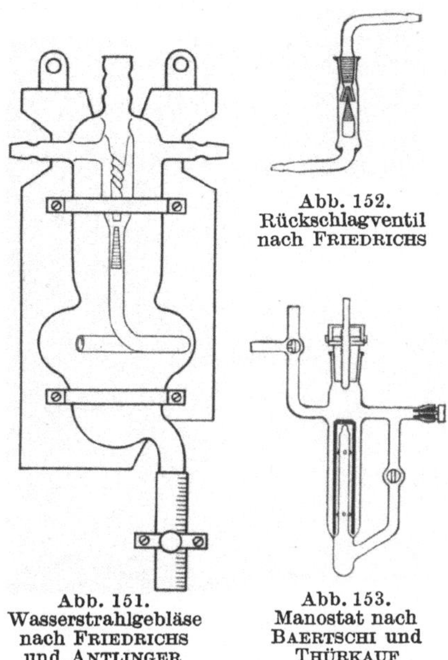

Abb. 152.
Rückschlagventil
nach FRIEDRICHS

Abb. 151.
Wasserstrahlgebläse
nach FRIEDRICHS
und ANTLINGER

Abb. 153.
Manostat nach
BAERTSCHI und
THÜRKAUF

man beliebig einstellen kann. Eine rasche und zuverlässige Einstellung von Destillationsdrucken zwischen Pumpenvakuum und Atmosphärendruck mit einer Genauigkeit von ± 1 mm Hg wird ermöglicht durch den nach dem Cartesianischen Prinzip von BAERTSCHI und THÜRKAUF konstruierten Manostat (Abb. 153).

34. Apparate zur Stickstoffbestimmung
nach Kjeldahl

Die Apparate sind im wesentlichen Destillierapparate, in denen das von Natronlauge freigesetzte Ammoniak in die Vorlage getrieben und dort durch Normalsäure gebunden wird.

Der Apparat nach VOGTHERR (Abb. 154) ist wegen seiner Einfachheit für Einzelbestimmungen vorherrschend. Für Serienbestimmungen dient der Apparat nach PARNAS (Abb. 155), der gestattet, ohne den Apparat auseinander zu nehmen, viele Bestimmungen nacheinander durchzuführen. Bei der Wagnerschen Modifikation (Abb. 156) erfolgt das Über-

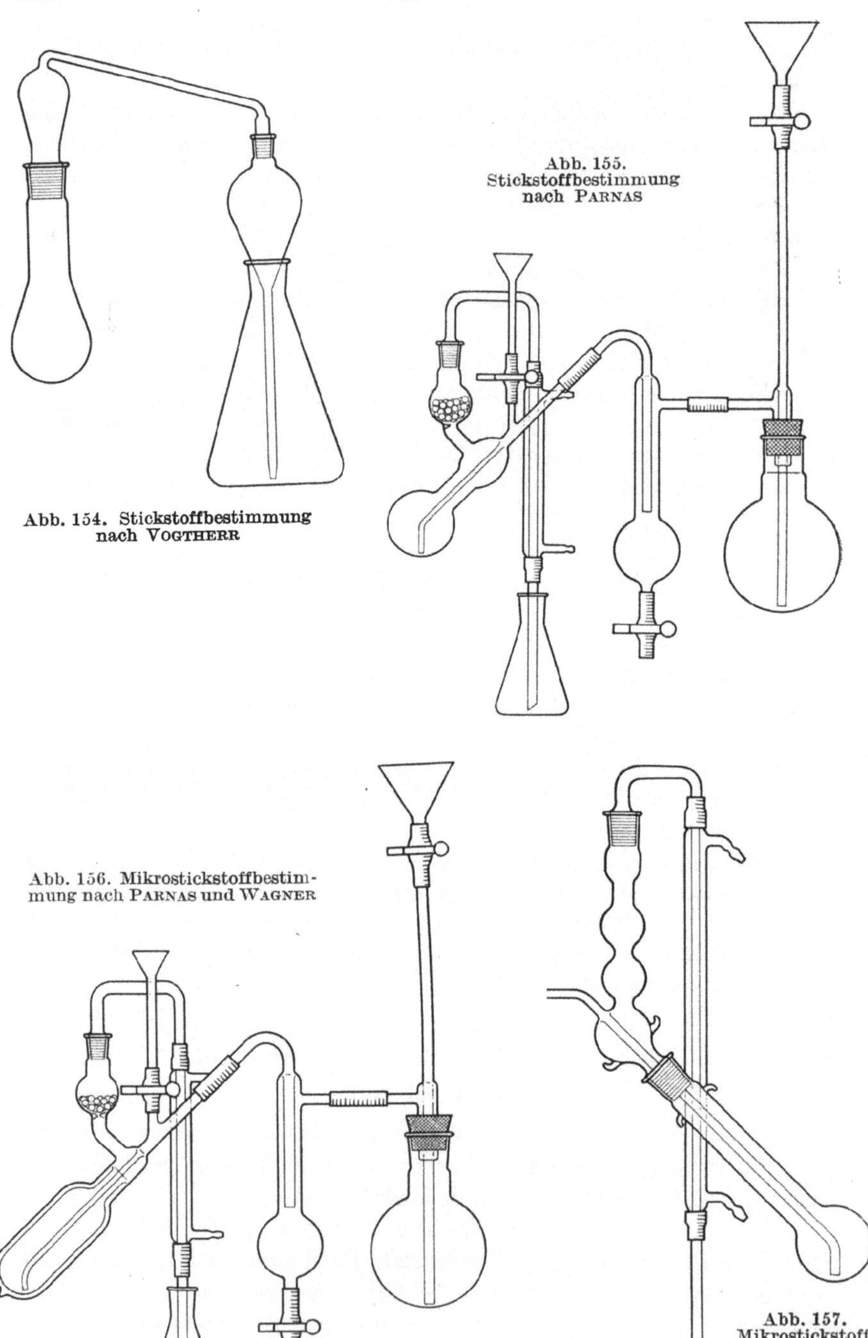

Abb. 154. Stickstoffbestimmung
nach VOGTHERR

Abb. 155.
Stickstoffbestimmung
nach PARNAS

Abb. 156. Mikrostickstoffbestim-
mung nach PARNAS und WAGNER

Abb. 157.
Mikrostickstoff-
bestimmung
nach PREGL

treiben des Ammoniak nur mit Dampf. Gegen Wärmeverluste ist der Kolben durch einen Vakuummantel geschützt.

Für Mikrobestimmungen hat sich der Apparat nach PREGL (Abb. 157) behauptet.

Die KJELDAHL-Methode hat der DUMAS-Methode gegenüber den Nachteil, daß nur der Aminostickstoff erfaßt wird, der Nitro-, Azo-, Hydrazostickstoff und der heterozyklischer Verbindungen jedoch der Bestimmung entgeht. Zur Bestimmung des Gesamtstickstoffes nach KJELDAHL

Abb. 157a.
Ultramikro-KJELDAHL-Apparat
nach TOMPKINS-KIRK

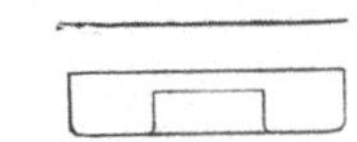

Abb. 157b.
Ultramikro-KJELDAHL-Apparat
nach CONWAY

schließt ZINNEKE [83] mit Schwefelsäure und Platinmohr als Kontaktsubstanz auf und treibt den elementaren Stickstoff nach Entfernung von Schwefeldioxyd und Kohlenoxyd in ein Azotometer.

Für Ultramikro-Bestimmungen werden die Apparate nach TOMPKINS-KIRK [84] (Abb. 157a), CONWAY [85] (Abb. 157b) und das Widmarkkölbchen (Abb. 106) empfohlen.

35. Apparate zur Kohlenstoffbestimmung im Eisen

Die nasse Verbrennung mittels Chromschwefelsäure im Corleiskolben ist nur noch in Einzelfällen üblich. Meist wird das Eisen im elektrischen Ofen mit Sauerstoff trocken verbrannt. Das Kohlendioxyd wird nach Zurückhaltung von Wasser und Schwefeldioxyd mit Natronkalk absorbiert und gewogen. Für schnelle Betriebsanalysen wird das gesamte Gas in einer großen Gasbürette aufgefangen und das Kohlendioxyd nach Absorption in einer Gaspipette gasvolumetrisch bestimmt. Da diese Messungen Differenzmessungen sind, ist das Gesamtvolumen der Gasbürette belanglos. Wert ist jedoch auf genaue Temperatur und Druckmessung zu legen, um das Gasvolumen einwandfrei auf den Normalzustand reduzieren zu können. Die heiß aus dem Ofen austretenden Gase werden in einem Kühler auf Raumtemperatur abgekühlt. Die Skala ist entweder in ml oder bei bestimmter Einwaage in Prozente Kohlenstoff geteilt.

Löst man das Eisen in Salpetersäure, so geht der Kohlenstoff unter Braunfärbung mit in Lösung. Diese Braunfärbung wird kolorimetrisch mit Eisensorten von bekanntem Kohlenstoffgehalt verglichen. Hierfür dienen graduierte, einseitig geschlossene Rohre (EGGERTZ-Rohre), die heute ausschließlich mit NS-Stopfen ausgestattet sind. Sie werden meist in größerer Zahl nebeneinander in Gestellen verwendet, die eine gleichmäßige Beleuchtung gewährleisten.

36. Apparate zur Schwefelbestimmung

Schwefelbestimmung im Eisen. Bis auf die Apparate nach SCHULTE-FRANKE (DIN E 12412) (Abb. 158) und VOIGT [*86*] (DIN E 12810) (Abb. 159) ist die Vielzahl der Konstruktionen durch die trockene Ver-

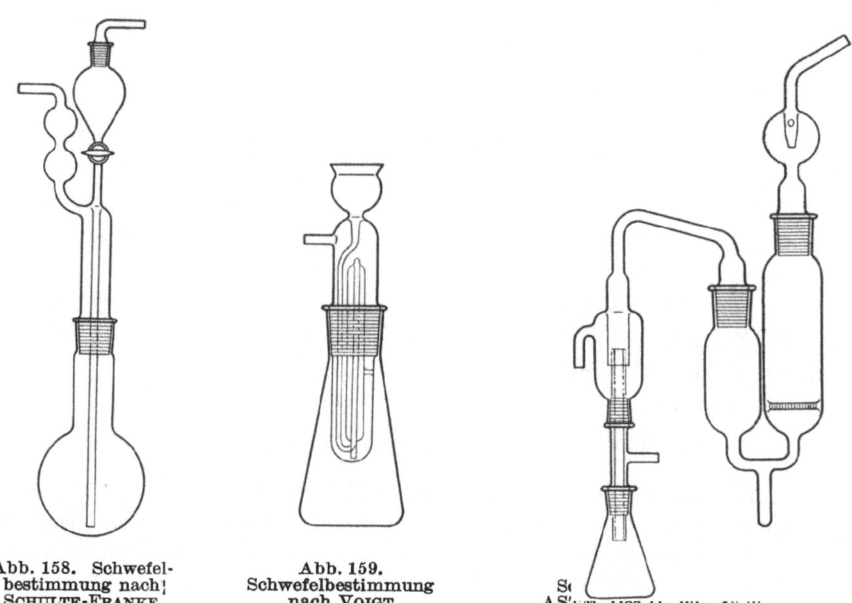

Abb. 158. Schwefelbestimmung nach SCHULTE-FRANKE

Abb. 159. Schwefelbestimmung nach VOIGT

Abb. 160. Schwefelbestimmung nach ASTM Des. D. 90—47 T

brennung mit Sauerstoff im elektrischen Ofen verdrängt worden. Das Eisen wird mit konzentrierter Salzsäure aufgeschlossen und das Reaktionsprodukt mit Calciumsulfat gefällt.

Schwefelbestimmung im Mineralöl. Das zu untersuchende Öl wird in einem gewogenen Öllämpchen verbrannt und die Reaktionsprodukte mit einer bromhaltigen Kaliumkarbonatlösung, mit festem Ammoniumkarbonat oder Perhydrol zurückgehalten und der Schwefel als Sulfat bestimmt. Hierfür dienen die Apparate nach HEUSSLER-ENGLER und ASTM (Des. D 90—47 T) (Abb. 160), SANDLAR und GROTE-KREKELER.

Schwefelbestimmung in Gasen. Nach Verbrennung einer abgemessenen Gasmenge in einer Verbrennungskammer werden die Verbrennungsprodukte ausgewaschen und der Schwefel jodometrisch bestimmt.

Gebräuchlich sind die Apparaturen nach DREHSCHMIDT, HEMPEL und das britische Modell. Als Norm vorgeschlagen ist der Apparat nach ROEHLEN und FLEISST (DIN E 12811) (Abb. 161).

Mikroschwefelbestimmung. Nach der katalytischen Verbrennung der Substanz werden die Reaktionsprodukte durch ein mit Perlen oder mit Helices gefülltes Rohr nach PREGL geleitet, wo der Schwefel durch verdünnte Perhydrollösung gebunden wird.

Nach der Reduktionsmethode von ZIMMERMANN und BÜRGER (Abb. 162) wird die Substanz im geschlossenen Rohr mit metallischem Kalium erhitzt.

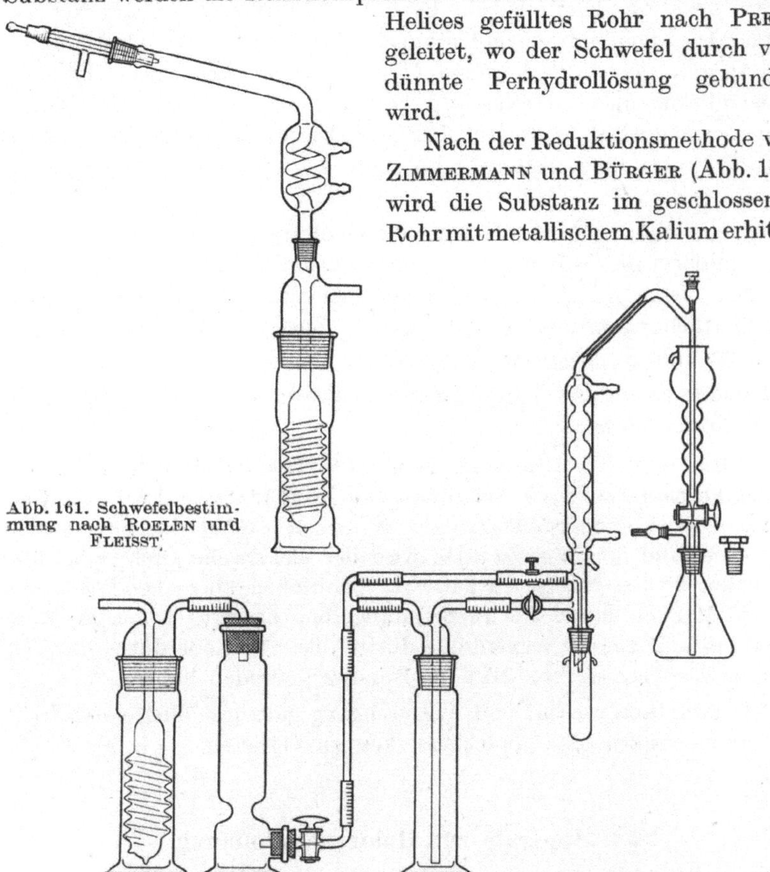

Abb. 161. Schwefelbestimmung nach ROELEN und FLEISST.

Abb. 162. Mikroschwefelbestimmung nach ZIMMERMANN und BÜRGER

Das Reaktionsrohr wird zerschnitten, samt Inhalt im Zersetzungsrohr mit Methanol behandelt bis das Kalium in Alkoholat überführt ist. Nach Verdrängen der Luft durch Wasserstoff wird der Inhalt durch Salzsäure zersetzt und der Schwefelwasserstoff in Cadmiumsulfatlösung aufgefangen. Nach Beendigung der Zersetzung wird die Lösung in den angeschliffenen ERLENMEYER-Kolben abgelassen und der Schwefel jodometrisch bestimmt.

37. Apparate zur Elementaranalyse

Den Ansprüchen entsprechend, welche die Wissenschaft durch die Geringfügigkeit der zur Verfügung stehenden Substanzmengen stellen mußte, entwickelte sich die Elementaranalyse von der Dezigramm-(Makro-)Analyse über die Centigramm-(Halbmikro-) zur Milligramm-(Mikro-)Analyse. Heute hat die Dezigrammanalyse von einigen Spezialfällen abgesehen, nur noch historische Bedeutung. Die Centigrammanalyse hat den Vorteil, keine Mikrowaage zu benötigen. Erst die Konstruktion einer zuverlässigen und leicht zu handhabenden Mikrowaage ermöglichte es Pregl 1910 die Empfindlichkeit der Elementaranalyse um eine weitere Zehnerpotenz zur Milligrammanalyse zu steigern.

Eine erschöpfende Schilderung dieser Methode für die Bestimmung von Kohlenstoff, Wasserstoff, Stickstoff und Sauerstoff würde den Rahmen dieses Buches überschreiten. Es muß auf die einschlägigen Veröffentlichungen von Pregl, Roth, Zimmermann [87], Unterzaucher und Bürger verwiesen werden.

Bürger ersetzt mit Vorteil die problematischen Gummiverbindungen durch Normschliffe.

Heute ist die Verbrennung im wesentlichen selbstregelnd. Bei der Centigrammanalyse nach Sucharda und Bobranski [88] wird die Gasflamme unter dem Schiffchen durch den Rückstau des Sauerstoffes gesteuert. Bei der Mikroanalyse wird der elektrische Ofen selbsttätig über das die Einwaage enthaltende Schiffchen oder das Schiffchen mittels Magnet durch die Verbrennungszone bewegt. Einen gewissen Abschluß und damit Normenreife dürfte diese Methode durch die Verbrennungsapparatur von Heräus-Bürger gefunden haben.

Die Mikroanalyse hat den Analysengang ganz erheblich vereinfacht und beschleunigt, ohne an Genauigkeit zu verlieren.

38. Apparate zur Halogenbestimmung

Chlor und Brom. Die Substanz wird über Platin katalytisch verbrannt, die Halogene werden im Perlenrohr nach Pregl mittels natriumbisulfithaltiger Sodalösung zurückgehalten und gravimetrisch bestimmt.

Nach Zacherl und Krainick [89] (Abb. 163) wird die Substanz im Sauerstoffstrom mit konzentrierter Schwefelsäure in Anwesenheit von Kaliumbichromat und Silberbichromat oxydiert. Chlor und Brom sind flüchtig, während Jod als Jodat zurückgehalten wird. Die mit dem Sauerstoff übergehenden Halogene werden in Natronlauge und Perhydrol aufgefangen und titriert.

LÜTGERT verwendet einen Schraubenaufsatz zur Absorption der Halogene (Abb. 164).

Jod. PREGL verbrennt die Substanz im Perlenrohr. Das gebildete freie Jod wird in Natronlauge aufgefangen und mit Bromwasser zu Jodsäure

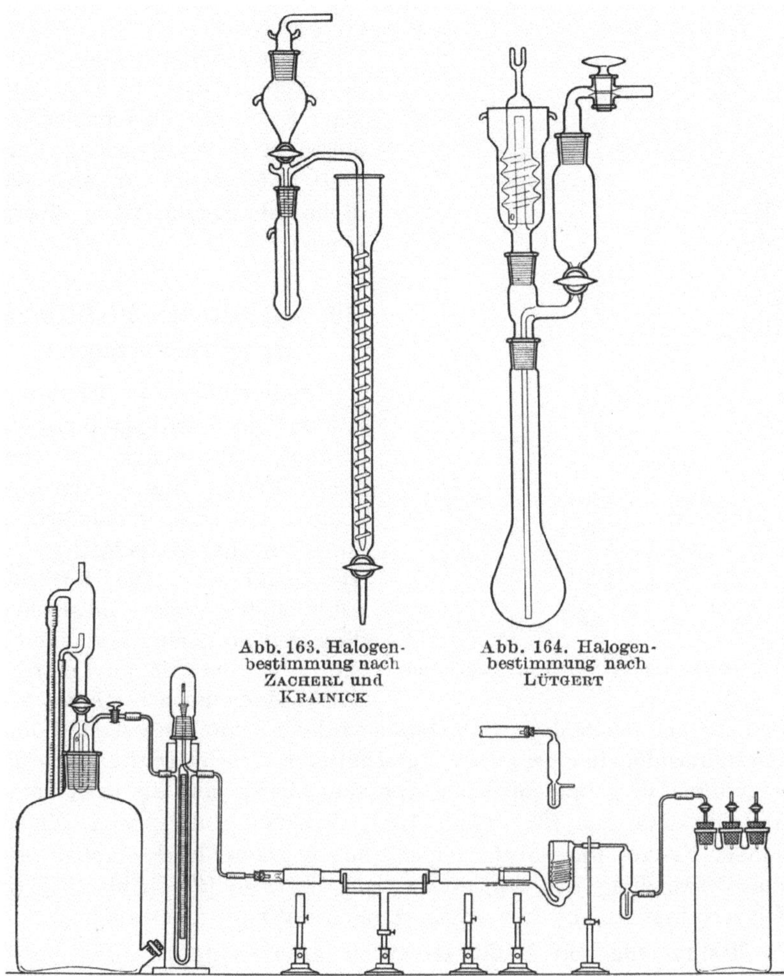

Abb. 163. Halogen-
bestimmung nach
ZACHERL und
KRAINICK

Abb. 164. Halogen-
bestimmung nach
LÜTGERT

Abb. 165. Jodbestimmung nach BOBRANSKI

oxydiert. Das überschüssige Brom wird mit Wasserdampf oder Ameisen-säure entfernt und die gebildete Jodsäure titriert.

BOBRANSKI [90] verwendet eine Absorptionsvorlage mit Schraube, ähnlich dem bekannten Schraubenkaliapparat (Abb. 165). Die Vorlage ist nur lose mit etwa 1 mm Spielraum auf das Verbrennungsrohr geschoben. Durch Absaugen mittels Wasserstrahlluftpumpe unter Zwischenschaltung eines Manostaten (Abb. 153), ist dafür gesorgt, daß kein Jod entweichen kann. Die Vorlage ist mit Natriumsulfit und einer Spur Zinnchlorür beschickt. Sie hat den Vorteil, daß sie gekühlt und leicht ausgespült werden kann.

LEIPERT und STURM [*91*] (Abb. 166) verbrennen die Substanz mit Chromschwefelsäure und Cerisulfat. Die Jodsäure wird mit arseniger Säure zu Jod reduziert und dieses mit Wasserdampf durch Fritten feinverteilt in eine alkalische Absorptionslösung übergetrieben.

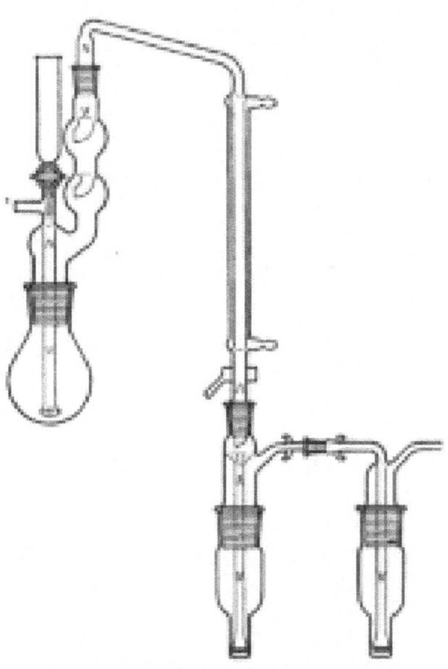

Abb. 166.
Jodbestimmung nach LEIPERT und STURM

39. Apparate zur Bestimmung organischer Gruppen

Bestimmung von Methoxyl-, Äthoxyl und S-Methylgruppen. Die an Sauerstoff bzw. Schwefel gebundenen Methyl- und Äthylgruppen spalten mit siedender Jodwasserstoffsäure quantitativ Methyl- bzw. Äthyljodid ab. Die flüchtigen Alkyljodide werden im Kohlendioxydstrom in eine Vorlage überführt, in der sie gravimetrisch oder jodometrisch bestimmt werden. Bei schwefelhaltigen Substanzen wird der Schwefelwasserstoff durch Cadmiumsulfat in einer zwischengeschalteten Waschvorrichtung zurückgehalten. Die gebräuchlichsten Apparate hierfür sind die nach PREGL, VIEBÖCK-BRECHER [*92*] (Abb. 167), VIEBÖCK-SCHWAPPACH, ZEISEL, ZEISEL-FANTO. Für Substanzen mit hohem Dampfdruck empfiehlt sich die Verwendung des Apparates nach FURTER [*93*] (Abb. 168), für Glyzerinbestimmung der Apparat nach STRITAR (Abb. 169).

Bestimmung von Methoxyl- neben Äthoxylgruppen. Die mittels Jodwasserstoffsäure abgespaltenen Jodalkyle werden in einer alkoholischen Trimethylaminlösung aufgefangen. Hierbei bildet sich Tetramethyl- bzw. Trimethyläthylammoniumjodid. Da Tetramethylammoniumjodid in Alkohol nahezu unlöslich ist, lassen sich die Salze gut trennen. Als Apparat empfiehlt ROTH den nach KÜSTER und MAAG [*94*] (Abb. 170).

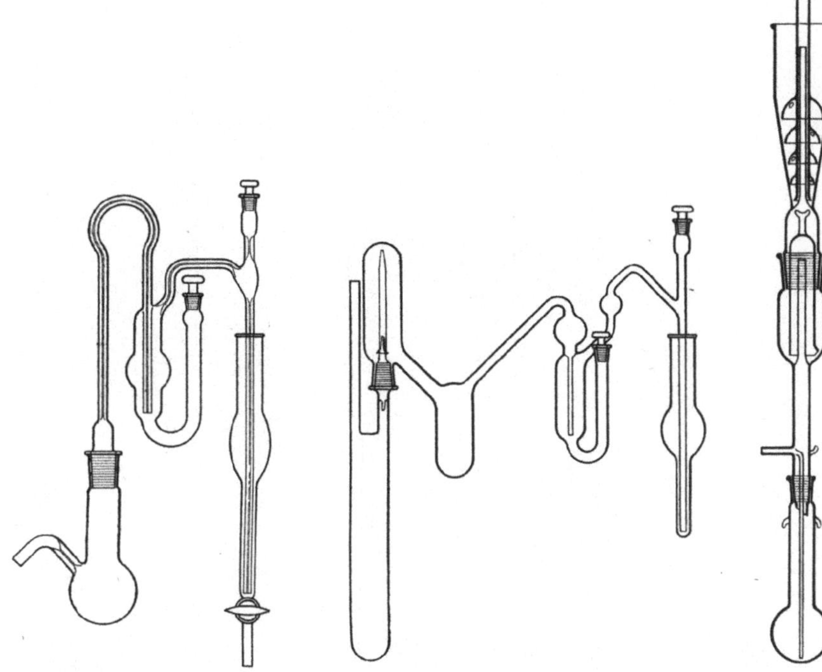

Abb. 167. Bestimmung von Methoxyl-, Äthoxyl- und S-Methylgruppen nach VIEBÖCK und BRECHER

Abb. 168. Bestimmung von Methoxyl-, Äthoxyl- und S-Methylgruppen nach FURTER

Abb. 169. Glyzerinbestimmung nach STRITAR

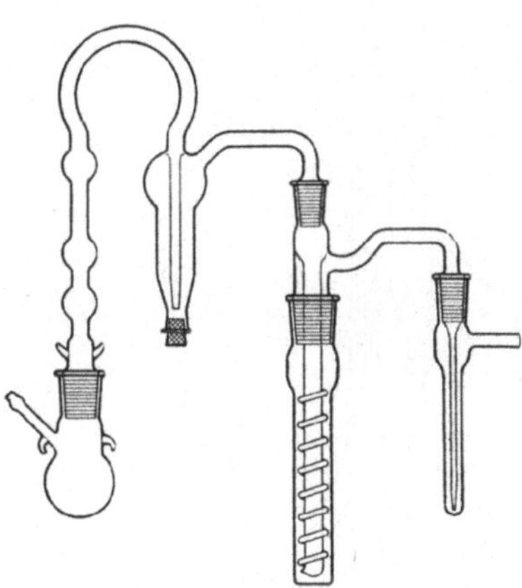

Abb. 170. Bestimmung von Methoxyl- neben Äthoxylgruppen nach KÜSTER und MAAG

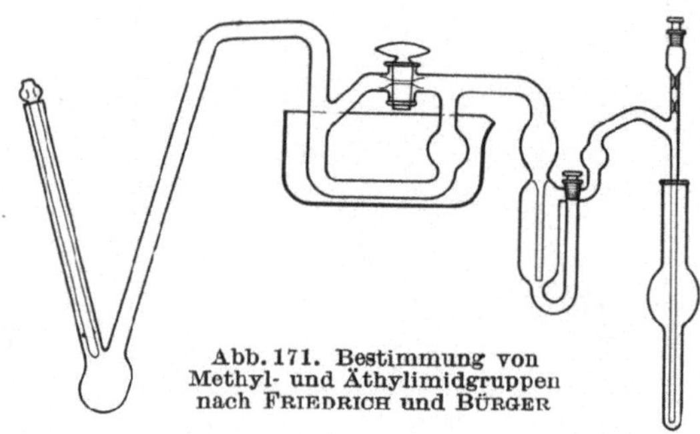

Abb. 171. Bestimmung von
Methyl- und Äthylimidgruppen
nach FRIEDRICH und BÜRGER

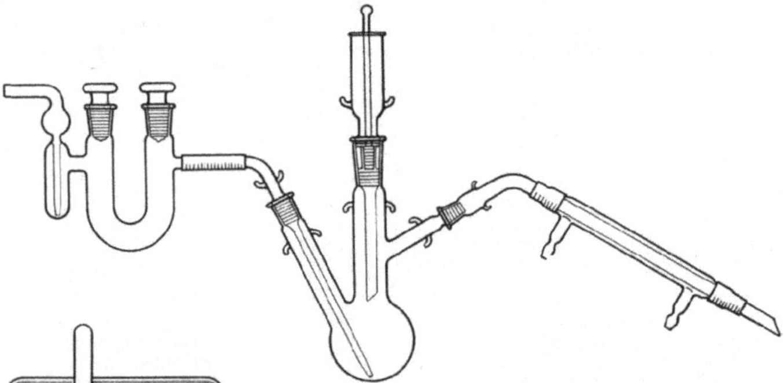

Abb. 172. Bestimmung
von Acethyl-(Benzoyl-)-gruppen nach
KUHN und ROTH

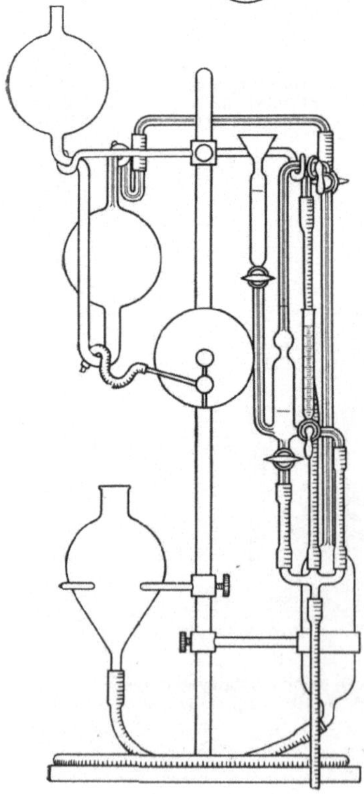

Abb. 173. Bestimmung primärer Aminogruppen
nach VAN SLYKE

Bestimmung von Methyl- und Äthylimidgruppen. Alkylimide werden von Jodwasserstoffsäure in quarternäre Ammoniumsalze überführt, die in der Hitze unter Abspaltung von Alkyljodid zerfallen. Jodwasserstoff und Schwefelwasserstoff werden in einer zwischengeschalteten heizbaren Waschvorrichtung mittels Cadmiumsulfat und Natriumthiosulfat zurückgehalten. Apparate nach FRIEDRICH und BÜRGER [*95*] (Abb. 171).

Bestimmung von Acethyl-(Benzoyl-)gruppen. Die gelöste Substanz wird mit alkoholischer Natronlauge verseift und die freie Essig- bzw. Benzoesäure aus schwefelsaurer Lösung mit Wasserdampf abdestilliert. Apparat nach KUHN und ROTH [*96*] (Abb. 172).

Bestimmung primärer Aminogruppen nach van Slyke. Primäre Aminogruppen spalten mit salpetriger Säure Stickstoff ab. Die salpetrige Säure wird im Apparat selbst aus Natriumnitrit und Eisessig hergestellt. Die Stickoxyde werden in einer Hempelschen Gaspipette durch alkalische Permanganatlösung absorbiert und der übrigbleibende Stickstoff in einer Gasbürette gemessen. Die Schüttelzeit beträgt je nach Substanz bis zu 5 Stunden (Abb. 173) [*97*].

40. Apparate zur Blutuntersuchung nach van Slyke

Gasvolumetrische Methode. Das Kohlendioxyd als Maß für die Alkalireserven des Blutes, den Sauerstoff als Maß für den Hämoglobingehalt und Kohlenoxyd bei Gasvergiftungen bestimmt VAN SLYKE [*98*] in dem nebenstehend abgebildeten Apparat (Abb. 174).

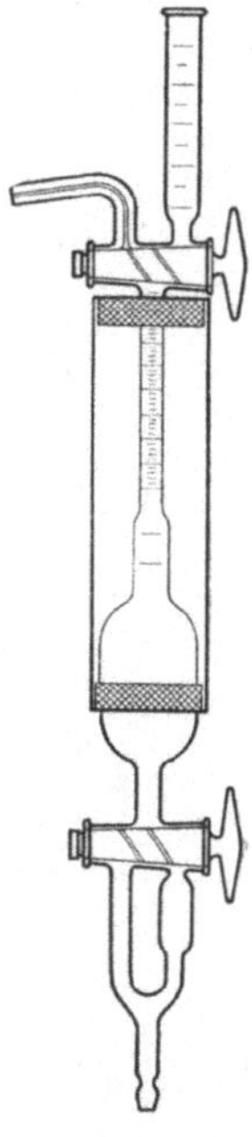

Manometrische Methode. Für schnelle und exakte Messung von Blutgasen und kleinen Gasmengen, die von anderen Flüssigkeiten als Blut, wie Eiweißkörpern und deren Abbauprodukten entwickelt werden.

Der häufig leckende Gummischlauch am Reaktionsrohr ist durch eine Glasfeder ersetzt. Die Schliffe an Glasfeder und Manometer werden mit Apiezonkitt oder DE KHOTINSKI-Zement festgekittet. Das Einfüllen der Substanz geschieht mit Auswaschpipetten, die mittels Schliffen ohne toten Raum auf das Reaktionsrohr aufgesetzt werden. Auf gleichem Wege werden auch nach dem Versuch die Substanzreste entfernt. Dieser Schliff erlaubt auch eine zweite Reaktionszelle vorzuschalten, wenn z. B. Kohlenstoff in organischen

Abb. 174.
Blutuntersuchung nach VAN SLYKE, gasvolumetrische Methode

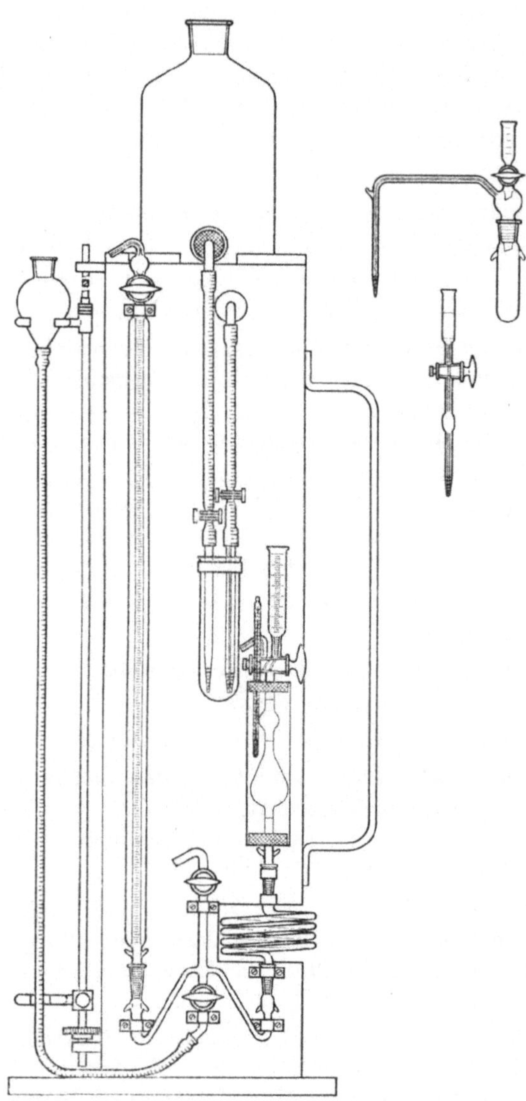

Abb. 175. Blutuntersuchung nach VAN SLYKE,
manometrische Methode

Verbindungen durch nasse Verbrennung bestimmt werden soll. Die Grob- und Feineinstellung des Manometers erfolgt am Trägerstab für die Niveaukugel. Zur Erleichterung der Ablesung ist meist eine Soffitten-lampe eingebaut (Abb. 175).

41. Kammer für Papier-Chromatographie nach Friedrichs

Durch einen einzigen Glaseinsatz, der auf einer Ringnut der Kammer aufsitzt, war es möglich, die Vielzahl der zerbrechlichen Halterungen für die Papierbahnen zu ersetzen.

Dieser Einsatz besteht aus einem zylindrischen Trog mit 2 parallel lau-fenden Schlitzen.

Bei aufsteigender Chromatographie bleibt der Trog leer. Die Papierbahnen werden lediglich durch die Schlitze gezogen und mittels Kunststoffkeilen festgeklemmt.

Bei absteigender Chromatographie wird der Trog durch einen auf dem Deckel aufgesetzten Tropftrichter mit dem Lösungsmittel gefüllt. Die Papier-bahnen werden wie oben durch die Schlitze gezogen und durch einen Glas-stab im Trog untergetaucht.

Die Kammer läßt sich dadurch, daß man mehrere Zwischenringe aufsetzt, beliebig verlängern.

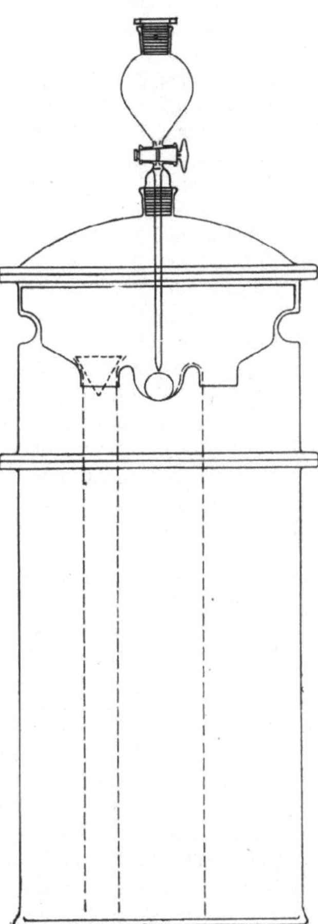

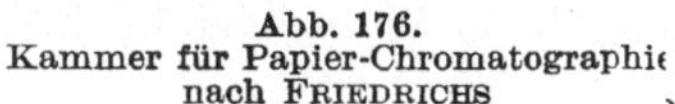

Abb. 176.
Kammer für Papier-Chromatographie
nach FRIEDRICHS

10*

Literaturverzeichnis

[1] SCHMIDT, R.: „Das Glas" Handbuch der Staatl. Museen Berlin 2. Aufl. 1922.

[2] LÖBER, E.: Glas u. Apparat (1926).

[3] THIENE, H.: „Glas" Verlag Gustav Fischer, Jena.

[4] FÖRSTER, F.: Anal. Chem. Bd. 33 (1894) S. 304, 386.

[5] FRIEDRICHS, F.: Angew. Chem. Bd. 39 (1926) S. 611; Sprechsaal Bd. 12 (1931) S. 105, 152. — THIENE, H.: „Glas", Verlag Gustav Fischer, Jena.

[6] FRIEDRICHS, F.: Angew. Chem. Bd. 33 (1920) S. 56, 151, 157, 163, 184, 186.

[7] FRIEDRICHS, F.: Angew. Chem. Bd. 32 (1919) S. 208.

[8] FRIEDRICHS, J.: Chem. Fabrik Bd. 1 (1928) S. 725; Bd. 2 (1929) S. 5; Chemiker-Ztg. Bd. 52 Nr. 39 (1928).

[9] FRIEDRICHS, J.: Chem. Fabrik Bd. 7 (1934) S. 284.

[10] FRIEDRICHS, F.: Chem. Fabrik Bd. 6 (1933) S. 40.

[11] FRIEDRICHS, F.: Glas-Email-Keram.-Techn. Bd. 4 (1953) S. 18.

[12] FRIEDRICHS, F.: Angew. Chem. Bd. 27 (1914) S. 24.

[13] FRIEDRICHS, F.: Angew. Chem. Bd. 21 (1908) S. 2319.

[14] FRIEDRICHS, F.: Chemiker-Ztg. Bd. 55 (1931) S. 31.

[15] HERBERT, W.: Chem. Fabrik Bd. 2 (1929) S. 328. — FRIEDRICHS, F.: Chem. Ztg. Bd. 53 (1929) S. 760.

[16] FRIEDRICHS, F.: Chemiker-Ztg. Bd. 54 (1930) S. 667.

[17] DENNIS, L. M.: Gasanalysis 1913.

[18] KLEMA, J.: Chemiker-Ztg. Bd. 79 (1955) S. 481.

[19] FRIEDRICHS, F.: Chemiker-Ztg. Bd. 52 (1928) S. 601.

[20] HEIN, FR.: Angew. Chem. Bd. 40 (1927) S. 864.

[21] FRIEDRICHS, F.: Chemiker-Ztg. Bd. 79 (1955) S. 341.

[22] LUTHER: Angew. Chem. Bd. 34 (1921) S. 66.

[23] THIELERT: Chem. Fabrik Bd. 10 (1937) S. 108.

[24] WIDMARK, E. M. P.: Biochem. Z. Bd. 179 (1926) S. 263.

[25] THIELEPAPE, E.: Z. Ver. dtsch. Zuckerindustrie Bd. 79 (1929) S. 539; Chem. Fabrik Bd. 4 (1931) S. 293.

[26] WOLLNY: Anal. Chem. Bd. 24 (1885) S. 48.

[27] FRIEDRICHS, J.: Chem. Fabrik Bd. 1 (1928) S. 91; Chemiker-Ztg. Bd. 55 (1931) S. 519; Chem. Fabrik Bd. 2 (1929) S. 90; Bd. 5 (1932) S. 199. — FRIEDRICHS, J. u. W.: Chem. Fabrik Bd. 8 (1935) S. 247.

[28] FRIEDRICHS, FD.: Anal. Chem. Bd. 26 (1887) S. 50.

[29] SCHULTZE, GG. R., u. H. STAGE: Dech. Monogr. Bd. 14 (1950) S. 17.

[30] KRELL, E.: Silikat Techn. Bd. 3 (1952) S. 393.

[31] TONGBERG, C. O.: Industr. Engng. Chem. Bd. 26 (1934) S. 1213.

[32] BRUUN, J. H.: Industr. Engng. Chem. Anal. Ed. Bd. 1 (1929) S. 212.

[33] OLDERSHAW, C. F.: Industr. Engng. Chem. Anal. Ed. Bd. 13 (1941) S. 265.

[34] WIDMER, G.: Helv. chim. Acta III, (1924) S. 59.

[35] Kat. G & F., 1939, Nr. 6146.

[36] KOCH, H., u. F. HILBERATH: Brennst.-Chemie Bd. 22 (1941) S. 135.

[37] JANTZEN, E.: Angew. Chem. Bd. 36 (1923) S. 592; Dechema Monogr. Bd. 5, Nr. 48 (1932).

[38] PODBIELNIAK, W. J.: Industr. Engng. Chem. Anal. Ed. Bd. 13 (1941) S. 639.

[39] BIRCH, S. F., GRIPP, V. u. W. S. NATHAN: J. Soc. chem. Ind. Bd. 66 (1947) S. 33.

[40] PRAHL, W.: Chem. Fabrik Bd. 3 (1930) S. 517.

[41] BAERTSCHI u. THÜRKAUF: Sonderdruck Fa. Normschliff-Glasgeräte G.m.b.H., Wertheim.

[42] JANTZEN, E., u. G. TIEDCKE: Z. prakt. Chem. Bd. 127 (1930) S. 277.

[43] KLENK: Z. physiol. Chem. Bd. 242 (1936) S. 250.

[44] WIDMARK, E. M. P.: Alkoholdosis u. Berauschungsgrad, Neuland Verl. Berlin (1930); Biochem. Z. Bd. 131 (1922) S. 475.

[45] ANSCHÜTZ, L., u. W. BROEKER: J. prakt. Chem. Bd. 115 (1927) S. 382.

[46] FRIEDRICHS, F.: Chem. Fabrik Bd. 1 (1928) S. 106.

[47] EDDY: Industr. Engng. Chem. Anal. Ed. Bd. 4 (1932) S. 198.

[48] JANTZEN, E., u. H. SCHMALFUSS: Chem. Fabrik Bd. 7 (1934) S. 61.

[49] JANTZEN, E., u. H. SCHMALFUSS: Handb. biol. Arb. Meth. V, (1929) S. 1479.

[50] SAUER, E.: Chemiker-Ztg. Bd. 49 (1925) S. 870.

[51] DIEPOLDER-BERNNHAUER: Einführung in die org. chem. Lab. Techn. V, (1947) S. 153.; Chemiker-Ztg Bd. 35 (1911) S. 4.

[52] MARBERG, J.: Amer. chem. Soc. Bd. 60 (1938) S. 1509.

[53] BERNHAUER: Einführung in die org. chem. Lab. Techn. V, (1947) S. 133.

[54] FRIEDRICHS, J., u. H. v. KRUSKA: Chem. Fabrik Bd. 7 (1934) S. 284.

[55] HAGEN, O.: Chem. Fabrik Bd. 5 (1932) S. 424.

[56] FRIEDRICHS, F.: Chemiker-Ztg. Bd. 35 (1911) S. 1255; Angew. Chem. Bd. 33 (1920) S. 39; Chem. Fabrik Bd. 4 (1931) S. 219.

[57] FRIEDRICHS, F.: Anal. Chem. Bd. 50 (1911) S. 175; Angew. Chem. Bd. 32 (1919) S. 252; Chem. Fabrik Bd. 4 (1931) S. 203. — DENNIS, L. M.: Gasanalysis 1913; Industr. Engng. Chem. Bd. 4 (1912) S. 837.

[58] FRIEDRICHS, J.: Angew. Chem. Bd. 32 (1919) S. 129.

[59] VARESS: Chem. Fabrik Bd. 3 (1930) S. 13.

[60] FRIEDRICHS, F.: Glas-Instr. Techn. Bd. 1 (1957) S. 4.

[61] FRIEDRICHS, F.: Chemiker-Ztg. Bd. 51 (1927) S. 688.

[62] LJUNGGREN, G.: Anal. Chem. Bd. 94 (1933) S. 240.

[63] FRIEDRICHS, F.: Chem. Rundschau Bd. 6 (1953) S. 257.

[64] SPATZ, W.: Chem. Fabrik Bd. 9 (1936) S. 70.

[65] LJUNGGREN, G.: Anal. Chem. Bd. 94 (1933) S. 240.

[66] WIDMARK, E. M. P., u. S. L. ÖRSKOV: Biochem. Z. Bd. 201 (1928) S. 15.

[67] BOBRANSKI, B.: Anal. Chem. Bd. 84 (1931) S. 229.

[68] FRIEDRICHS, J.: Chem. Fabrik Bd. 4 (1931) S. 367.

[69] PRITZKER, J., u. R. JUNGKUNZ: Chemiker-Ztg. Bd. 56 (1932) S. 364.

[70] TILLMANS u. KRÜGER: Angew. Chem. Bd. 35 (1922) S. 686.

[71] LUNDIN, H. u. M.: Chemiker-Ztg. Bd. 56 (1932) S. 236.

[72] LUNDIN, H.: Chemiker-Ztg. Bd. 55 (1931) S. 762.

[73] TAUSZ, J., u. H. RUMM: Angew. Chem. Bd. 39 (1926) S. 155.

[74] HAHN, A.: Chem. Fabrik Bd. 9 (1936) S. 164.

[75] THIELE, J.: Ber. Bd. 40 (1907) S. 996.

[76] FRIEDRICHS, F.: Angew. Chem. Bd. 34 (1921) S. 61.

[77] OPFER-SCHAUM, R.: Süd. dt. Apoth. Ztg. Bd. 89 (1949) S. 269.

[78] KOFLER: Mikrochemie Bd. 15 (1934) S. 242.

[79] TOTTOLI, M.: Chem. Rundschau (1957) S. 11; Glas Instr. Techn. Bd. 2 (1958) S. 8.

[80] SIWOLOBOFF: Ber. Bd. 19 (1886) S. 795. — EMICH: Mikrochem. Praktikum Bd. 31, 2. Aufl. (1931).

[81] FRIEDRICHS, F.: Angew. Chem. Bd. 33 (1920) S. 187. — FRIEDRICHS, W.: Z. techn. Phys. Bd. 6 (1925) S. 361.

[*82*] FRIEDRICHS, J.: Chemiker-Ztg. Bd. 43 (1919) S. 108.

[*83*] ZINNECKE: Angew. Chem. Bd. 64 (1952) S. 220; Chem. f. Lab. u. Betrieb Bd. 6 (1955) S. 618.

[*84*] TOMPKINS, E. R., u. P. L. KIRK: J. biol. Chem. Bd. 142 (1942) S. 477.

[*85*] CONWAY, E. J.: Biochem. J. Bd. 33 (1939) S. 457; Bd. 27 (1933) S. 419, 430.

[*86*] WEIHRICH-WINKEL: Die chem. Analyse in der Stahlindustrie IV, (1954) S. 40.

[*87*] ZIMMERMANN u. BÜRGER: Quant. org. Mikroanalyse, Pregl-Roth VI, 152 (1949).

[*88*] SUCHARDA, E., u. B. BOBRANSKI: Halbmikromethoden, Vieweg & Sohn (1929).

[*89*] ZACHERL u. KRAINICK: Mikrochem. Bd. 11 (1932) S. 61; Quant. Org. Mikroanalyse Pregl-Roth VI (1949) S. 135.

[*90*] BOBRANSKI, B.: Anal. Chem. Bd. 84 (1931) S. 233.

[*91*] LEIPERT u. STURM: Biochem. Z. Bd. 280 (1935) S. 396.

[*92*] VIEBÖCK u. BRECHER: Ber. Bd. 63 (1930) S. 3207.

[*93*] FURTER: Helv. chim. Acta Bd. 21 (1938) S. 1151.

[*94*] KÜSTER, W., u. W. MAAG: Z. physiol. Chem. Bd. 127 (1923) S. 190.

[*95*] FRIEDRICH u. BÜRGER: Mikrochem. Bd. 7 (1929) S. 195; Quant. org. Mikroanalyse, Pregl-Roth VI (1949) S. 234.

[*96*] KUHN u. ROTH: Quant. org. Mikroanalyse, Pregl-Roth VI (1949) S. 241; Ber. Bd. 66 (1933) S. 1274.

[*97*] VAN SLYKE: J. biol. Chem. Bd. 9 (1911) S. 195; Bd. 12 (1912) S. 275; Bd. 16 (1913) S. 121; Ber. Bd. 43 (1910) S. 3168; Bd. 44 (1911) S. 1684.

[*98*] VAN SLYKE: J. biol. Chem. Bd. 83 (1929) S. 425.

Namen- und Sachverzeichnis